日本のすごい味

土地の記憶を食べる

平松洋子

新潮社

目次

カバー写真　広瀬貴子
日置武晴
ブックデザイン　島田隆

日本のすごい味

土地の記憶を食べる

滋賀県

大津市「比良山荘」

熊鍋

熊の味を覚えて以来、冬になると山の熊を思う。野生の肉はこんなにひとを虜にするものなのか。山の王にひれ伏す思いである。

熊の肉のおいしさとは、と訊かれれば、まず「脂の香ばしさ」と答えたい。それも、衝撃的なほどの軽やかさ。いくら食べても脂が重みをともなわず、もたつかない。あくも出ない。熱でちりちりと縮れた紅白の花弁がするっと収まる心地は、ほかの肉では経験できない。

その僥倖に出逢うために足を運ばなければならない土地が、滋賀県比良《ひら》だ。

比良山の麓、京都と若狭をつなぐ鯖街道沿い。「比良山荘」は、比良山系を歩く登山者のための山荘として昭和三十四年創業、現在は伊藤剛治さんが三代目を守る。安曇《あど》川沿い、比叡山延暦寺の回峰行の奥の院「明王院《みょうおういん》」と「地主《じしゅ》神社」の門前にたたずむ料理宿で、「明王院」では毎夏、比叡山回峰行の厳しさを再現する夏《げ》安居《あんご》が行われる。つまり、「比良山荘」を訪れることは、比良の山岳信仰に

「月鍋」のために厚さや径、釉薬まで工夫を重ねた土鍋が熊の肉を受け止める。この鍋は使い込んだ5年もの。炭は地元の楢炭。高島ねぎ、菊菜、天然芹など地の野菜をたっぷり添える。

触れることを意味する。

だからこその、熊。伊藤さんにとって、熊という相手はたんなる〝稀少な食材〟ではない。子どものころから馴れ親しんできた家族の食卓の記憶そのものであり、志なかばで亡くなった父の遺志を継ぐ存在である。

「わたしが山荘を受け継いだとき、父はすでに『地元のもので勝負する』という視点を持っていました。それが一番の遺産です。父の代から、夏は鮎、冬は猪を使い始めたのですが、それは、外から来るお客さんを相手にするという意識が明確にあったから。私が引き継いだ九三年当時は、わざわざ遠方から足を運んで料理を食べに来る方が五割、あとは地元の冠婚葬祭と登山客でした」

今や「比良山荘」は、日本全国からお客を集める料理宿である。京都市内から車で約四十五分、一日三組のちいさな宿。春は山菜、夏は鮎、秋は子持ち鮎と松茸、冬は「月鍋」と命名した熊鍋、明快に打ち出す土地の味が評判を集める。とりわけ「月鍋」。この鍋料理が生まれた背景には、いくつもの物語がある。まずひとつは地元の猟師、松原勲さんの存在だ。伊藤さんにとって、親子ほど年の違う七十代半ばの松原さんは盟友にして恩人。

松原さんは、半世紀近く野山を駆け巡って熊、鹿、猪など野生の動物を狩ってきた猟師である。地元の葛川、朽木《くつき》全域から京都の花背、鞍馬まで、近隣の山を知り尽くした自他ともに認める凄腕のプロ。じつは、少年時代に伊藤さんが初めて熊の肉を食べたのも、松原さんの獲物だった。「熊撃ち」といえば、当時も今も右に出る者なし、「月鍋」は、そもそも松原さんなくしては誕生していない。

ふたりを結んだのは、この共通の価値観だ。

「肉のなかで熊が世界一おいしい」

猟師として野生のいのちの重み、ありがたみを熟知する松原さん。料理人として日々食材と向き合う伊藤さん。「熊のおいしさは世界一」と認めてもらいたい、認めさせてやるという熱意が、ふたりの気概を高めた。伊藤さんは言う。

「みなさん第一声は、えーっ熊⁉　誰もがそう言う。臭い、硬い肉だという思い込みがあるんです。このあたりは山の中ですが、猪や鹿にしても、日常の食べ物ではありません。ましてや熊が食卓に上るなんてことは、とてもとても。地元でも、猟師さん以外には熊を食べたことのない方がほとんどです。それを、ただおいしい、珍しいだけではなく、熊鍋をひとつの料理として通用するクオリティに高めたいという気持ちがありました」

伊藤さんの熱気が歴戦の猟師を刺激した。野生の肉を扱ううえでもっとも大事なことは、猟師の腕だ。ただ獲ればいいのではない。獲物を一発で仕留め、個体に負荷をかけず、的確に解体する技術のあるなしが肉の味を左右する。その意味でも、「月鍋」は、気候風土と人間が一体となって実現する比良だけの料理だ。

十一月十五日から二月十五日までの猟期三ヶ月のあいだ、何頭の熊を仕留められるか、神のみぞ知る。松原さんが今シーズンに入って二ヶ月のあいだに仕留めた熊は三頭。毎冬繰り返される、野生の動物と人間の一期一会。はたして今年は——。

真冬一月のある日、もう雪が積もる頃だろうかと比良に思いを馳せていると、突然連絡が入った。

「熊が獲れました」

あわてて東京から新幹線に乗り、京都経由で「比良山荘」へ、さらに三十分ほど車を走らせた山奥、松原さんの家へ向かう。二十年前に妻の静枝さんを亡くしてひとり暮らし、猟の伴走役を務める十頭の犬たちの存在が、松原さんの生活を支えている。自宅の隣に、広い犬小屋と獲物の解体作業をおこなう小屋。着くなり小屋に足を踏み入れると、黒々と剛毛を光らせる熊の巨体がぶら下がっていた。

じつは、わたしが松原さんのお宅に伺うのは二度目、以前に松原さんが仕留めた熊を解体する一部始終を見せていただいた経験がある。

体重七十キロを超える、推定五歳のオスのツキノワグマ。ツキノワグマは京都、大阪、兵庫では禁猟だが、滋賀では熊猟が許可されている。猟銃で仕留めたあと、ふつうその場で心臓を取り、なるべく早く内臓を取り出す。鹿や猪の解体作業は一時間以内に行うが、熊は内臓が小さいから、ひと晩置いて取り出しても大丈夫なのだという。気温が低ければ谷川に浸しておいたり、橋の北側のたもとに吊すこともあり、いずれの場合も内臓を取ったら腹のなかを丁寧に洗っておく。

松原さんが熊を解体するナイフさばきは、いつもながら正確無比。右手に握ったナイフを意のままに操って先へ、先へと進めてゆく手つきには迷いがない。吊していた熊を寝かせ、ナイフの切っ先を刺し込んでゆくと、漆黒の剛毛が少しずつ離れ、白い脂肪が現れる。

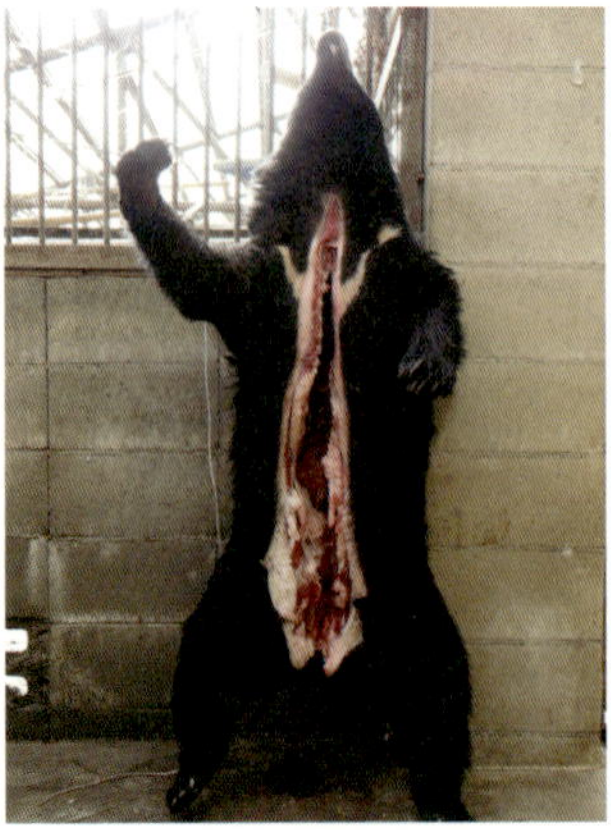

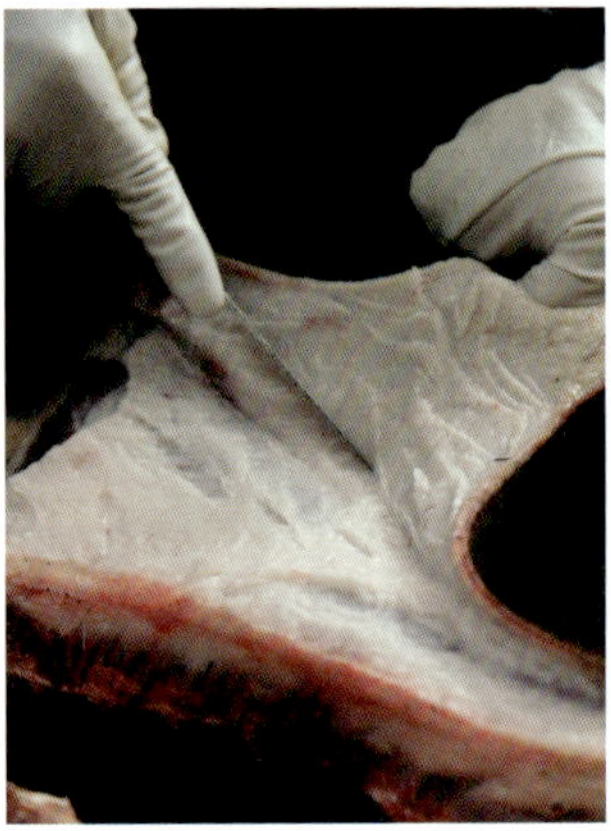

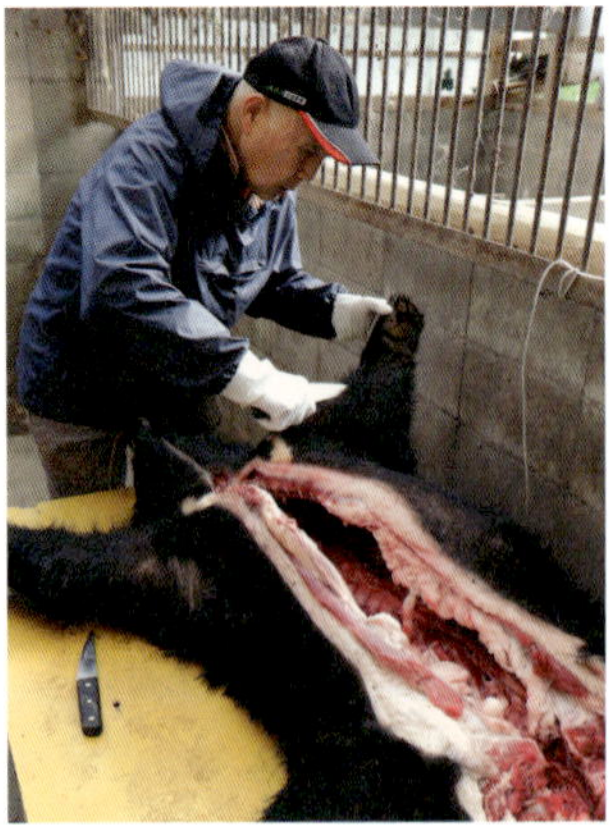

熊の解体を自分で行う猟師は、今では貴重な存在だ。(上)仕留めたのち速やかに内臓を抜き、血抜きする。(中)2本のナイフだけで皮をはぐ。(下)冬眠前の熊が蓄える厚い脂肪、その下のしなやかな赤身。(左頁)「月鍋」に使う熊肉には猟師の技術が生きている。この1皿で4人前。

まったりと輝く艶々の白。見ているだけでぐーっと引き込まれ、「まばゆい」という言葉が脳裏に浮かぶ。脂肪の厚い層に刃先の動きを阻まれることなく、一本のナイフがすいっ、すいっ、生命を与えられた動物のように躍動する。松原さんの頭のなかには、熊の筋肉や脂肪のつきかた、熊に関するデータがきっちり入っている。手は、それらの複雑な情報を処理する有能なマシン。枝肉に解体してゆく過程で、まるで無駄がでないことにも驚かされる。

松原さんは四年前の夏、山道を滑落して首の骨と脊椎を折る瀕死の重傷を負い、二ヶ月の入院ののち奇跡の生還を果たしている。ふたたび猟に復帰するまでに二、三年かかるというのが周囲の見立てだったが、不死身の復活。九月一日に退院し、猟解禁日には犬たちともども早く山へ入りたい一心。「猟欲」に火がついたというから、ただものではない。

「熊に行く犬はな、北海道犬の血が入っとる。犬がワンワン鳴き出したら熊なんや。気合い入れとるから鳴き方が違う。猪と一対一のときは、ものすごいドスの利いた声で鳴く。熊の場合は木の上のほうにおるから、鳴き方が違う。

一番枝いうて、最初の枝まで上がったら、熊は、安心して犬ばっかり見てる。人間の目と熊の目が合うたら、熊は一瞬のうちにズズーッと飛ぶんやが、降りしなでも怖いで。獰猛なんやけど、こういうときはものすごい繊細なんや。木から二十メートルくらいあっても、ズズーッと一気に、犬も跳び越える。だから、撃つときは目が合わないよう後ろに回る。百メートルくらいあっても、熊がどっちを向いてるかよく確認して。

撃つときは三ヶ所のうちいずれか。額の正面。耳を貫通させる。あごの下から撃ち上げる。身は撃ったらあかん。身体を撃つと赤身に血が回るし、脂も濁る。人間も熊の身体も同じで、傷ついたらそれをカバーする働きが一瞬にして起こるんよ。即死させるのが、肉の味わいとしても大事ということ

朽木一帯でもっとも経験に富み、尊敬される猟師、松原勲さん。猟師にとって、大切に育てた猟犬は猟の仲間であり、自分の分身である。

です」

猟師の血をたぎらせる松原さんと交流を深め、その仕事ぶりをつぶさに見ることで、伊藤さんは熊の価値を再認識していった。

松原　肉の質を見る目が大事やから、いっしょに肉を手でなぶったり、色を見たり。熊の場合やったら、白い脂。時期によって濁っていることもあるんやけど、やっぱりまっ白な脂が最高の肉や。わしも何も隠すことあらへんし、自分の持っているものは何でも若い子に伝えたらいいと思ってる。

伊藤　あちこち、いっしょに猟師に会いにも行きましたよね。新しいネットワークを広げていかないかんから、獲れる人がいると聞いたら、松原さんいっしょに行こと誘うて。富山のある猟師に会ったとき、「おれは三百メートル向こうの熊を撃った」と言うのを聞いたとたん、松原さんが「あ、こいつあかんわ」。そんなことを自慢するやつに、いい熊は絶対獲れん、と言うんです。

松原　いくら鉄砲撃ちの腕は素晴らしくても、おいしい肉をお客さんに食べてもらおうと思うたら、そういう殺す撃ち方はあかんねん。熊を殺すのは簡単や。三百メートル向こうの熊を撃つのは鉄砲撃ち。せやけど、わしは肉なんや。

伊藤　だから、プロなんですよ。獲るためのプロではなくて、ちゃんと肉をおさめてもらえるプロ。熊は獲れる頭数が少ないうえ、熊自身の個体がよくないとおいしくない。熊鍋を始めてそろそろ二十年になりますが、最初の頃は様子がわからないし、あせってパッと飛びついて買ってしまい、嫌な思いをした経験が何度もあります。外から見てもわからないけれど、いざとなると肉が予想と全然違う。肉が苦くてとても食べられたものではないのに、一頭の値段は高価。仕入れはとてもハイリスクです。ただ、松原さんのようなすばらしい仕事なら、どこにも負けないし、どんなお客さんも驚かせる自信

京都市内から車で約45分、大原を越えて福井に通じる鯖街道沿いに「比良山荘」はある。日帰りで昼食、夕食を楽しめる距離だ。宿泊は1日3組限定。鄙びた静けさ、極上の料理をもとめて、都から佳人も集う。

を持たせてもらえる肉なんですよ。

松原　わしらも責任あるやろ。それだけ待っておってくれとるから、いい加減な撃ち方や肉取りしたら、食べてくれるお客さんに申しわけない。猟師仲間にも、わしはそういう話をずっとしてきた。

伊藤　こうして今日も熊一頭がいて、それを見て触ったら、また学ぶことがある。毎年発見です。熊の肉のことわかったでしょう、とよく言われますが、やればやるほど熊の肉はわからない。例外だらけですもん。理屈通りにいくことなんて、ほとんどない。一頭ずつ、変化があるから、松原さんでなければわからないことがたくさんある。

松原　猟というのは博打やけんな。この山のなかの命を獲るんやからな。ベルトコンベアで生産できん（笑）。そんな保証ないもん。ご縁やもん。

それにしてもこの前、「比良山荘」で月鍋を食べたときは、まいった。お客さんの前で、誰にもやらさんとこの人は自分の手でつくる。そんなん、できんで。完全に自信あるやん。「比良山荘」の先々代にも熊を勧めてたんやが、見向きせんかった。でも、三代目が編み出した。若いけど、ほんまにえらいと思う。この兄《あに》は舌をもっとる。商売だけとは違うんやもん。ほんま感心するよ。閃きがどこかにあって、それを出してくる。わしゃうれしい。本人の感性いうやつやな。

雅びな名前「月鍋」は、ツキノワグマに想を得て伊藤さんが名付けた。大皿いっぱい華麗に咲き誇った熊肉をひとひら、ふたひら、滾《たぎ》る鍋の熱いだしに放って数秒、さっと火を通して味わう。子どもの頃に馴染んだ熊肉のすき焼きは、ぐつぐつ炊いたり煮こんだりせず、さっと火を通すだけ。「月鍋」はその食べ方を踏襲したものだ。つまり、思いつきでも創作料理でもなく、しゃぶしゃぶの変形でもなく、比良に育まれた味覚が生み出した料理だ。もちろんその味わいには、伊藤家の歴史が脈々と息づいている。だからこそ、遠来のお客の味覚に深く刻みこまれる。

湯気を立てて、鍋に張っただしがふつふつと煮えている。信楽の「雲井窯」中川一辺陶作の大鍋。いっぽう、尺皿いちめんに咲かせた大輪の花は、手切りした新鮮な熊肉。熊の肉は融点が低い。華麗な花の白い部分が、じんわり半透明になってゆくのも一興だ。うずうずしているのを察して、伊藤さんがひとひら、熱いだしのなかでさっと揺すって椀に入れてくださる。待ちに待ったこの冬の熊の味。

「ふわっと肉がふくれたところを、すぐ召し上がってください」

レースのようにぷくっと縮れた一片を大急ぎで箸でつまみ、口に運ぶ。ぷりっと勢いのいい弾力。噛むと赤身の滋味が脂と混じり合い、ふくよかなこく。しっとりしながらも切れがいい。好物のどんぐりや栗をたっぷり蓄えた熊の肉は香ばしく、軽やか。噛んでいると濃いうまみが歯に染みこむが、どこか繊細な味わいがうれしい。猪肉の味が男性的なら、熊肉は優しくて繊細。あくも出ない。うっすら効いただしの甘みは、すき焼きの砂糖やみりんの甘さから着想した蜂蜜。赤身にも脂肪にもふわっとだしがまとわりつき、上品なおいしさにやっぱり感嘆する。

ごくシンプルに味わうのが「月鍋」の流儀である。むっちりと太った地元の高島ねぎ。肉厚で食べごたえのあるおたふく菊菜。ほろ苦さが鮮烈な天然芹。主役を引き立てながら、旬の存在感を発揮する。添えた柚子、粉山椒もいっそう興趣を盛り立て、だしの味わいはどんどん深まってゆく。

「何年もかかって、やっとこの味に辿り着きました。そもそも熊によって味が違います。同じ脂肪でも、青に近い白と黄色に近い白がある。青白いほうは少し融点が高くて味が渋く、寒い土地で獲れた熊に多い。朽木あたり、湖西から湖北にかけて獲れるのは、脂が障子のようにまっ白で柔らかな味。でも、お客さんは同じクオリティを求めていらっしゃるので、よけい熊の手配に神経を遣うのです」

熊や猪、鹿は害獣としての側面もある。政府は十年後を見据え「鳥獣保護法を改正し、現在禁止されている夜間の銃猟許可などを通じて個体数調整の強化を図る」（農業共済新聞二〇一四年一月三週号）。地域資源として食肉の魅力を打ち出し、ジビエの存在価値を高めて活用する動きは、いよいよ活発になっている。三代目によって実を結んだ「比良山荘」の試みは、時代に先鞭をつけた格好だ。

「なにをしたということはないのですが、とにかくあがきました。そして、お客さんに恵まれた。お客さんの意見のはしばしに耳を立てて、信頼できる方の指摘は素直な気持ちで受け容れて、取り組んできました」

奮闘のすえ獲得したのは、京都からひと呼吸を置き、むやみに洗練され過ぎず、しかし素朴なだけではない絶妙の距離感。ちょうど熊鍋を出しはじめた頃に結婚した妻、有紀子さんが義母の弘子さんから女将を引き継いで世代交代し、二人三脚で比良という土地に根ざしながら、自分たちにしか実現できない「比良山荘」の味を進化させ続けてきた。朝食ひとつとっても、地域の食文化を見渡すかのよう。どの季節に訪れても重層的な土地の表情がいきいきと生かされ、見事だ。

今日の「比良山荘」のありかたは、地域を活性化させる道のひとつを示唆している。伊藤さんの言葉がたくましい。

「大事なのはかっこよく生きること。松原さんにしても、毎日を楽しく生きている。田舎を楽しんで胸を張って生きている。わたしは田舎で生まれて育ってきましたが、『比良山荘』を基にして、ちょっとずつ胸を張れるようになってきた。地域が活性化するというのは、みんなが楽しく、かっこよく胸を張って生きられるかどうかだと思います」

「月鍋」の味わいが、じんじんと沁み渡る。身体の奥にぽっと灯った明かりが広がって熱を孕むのは、森の精かもしれない。雪見障子の向こう、雪が降り積もって、比良の冬はしんと静まりかえっている。しかし、野生のいのちを感謝とともにいただく「比良山荘」の空気は熱く、あたたかい。

比良山荘

滋賀県大津市葛川坊村町94
Tel 077-599-2058　Fax 077-599-2034
営業　11時半〜13時（入店）、17時〜19時（入店）
宿泊　1泊2食　33000円〜
チェックイン16時〜19時、チェックアウト10時
定休日　火曜日（祝日の場合は営業）不定期休あり
宿泊は月・火曜日不可（火曜祝日の場合は月曜宿泊可）

熊鍋（月鍋）

コース　20000円（冬季）
春季　熊の花山椒鍋（20000円）
夏季　鮎のコース（15000円、20000円）
10月頃限定　焼き松茸コース（時価。約50000円）
（いずれも税・サービス料別）。

昆布や鰹節でだしを引き、醤油、蜂蜜で鍋の味を調える。蜂蜜はまろやかな甘さのみならず、砂糖やみりんのように途中で味が変わらない良さがあるという。左上はご主人の伊藤剛治さん、有紀子さん夫妻。

静岡県

下田市「まるとうわさび」

わさび

わさびのことをわかっていなかったことが、とてもよくわかった。以前、「きれいな水さえあれば、わさびは育ちます」とわさび農家の方が言うのを聞いて、鵜呑みにしてしまっていた。

伊豆半島の南、下田市に合併されるまで稲梓《いなずさ》村と呼ばれていた山間。「まるとうわさび」を訪れたのは二月下旬、山全体が冷えびえと凍っていた。わさび農家四代め、飯田智哉さん（五十五歳）が父から引き継いで二十五年め。ちょうどわさびの白い花が盛りを迎え、茎と花の部分〝花わさび〟の収穫時期だった。これまで東京で何度か飯田さんのわさびを味わう機会があり、ぜひわさび田を見たいと思うようになったのは、ずしっと持ち重りがして堂々たる姿形、きめ細やかな辛み、柔らかな甘みとまろやかさ、すべてが際立っていたからだ。

濡れ落ち葉や雑草を踏みながら長靴を履いて凍える林のなかを歩き進み、沢の上流へ向かう。案内して下さる妻の雅子さん（四十一歳）が遠くを指さして、「あそこです」。視線を向けると、意外な風

景が広がっている。沢の地形に沿って一枚、一枚、棚田のように続く緑のわさび田。山の勾配をそのまま生かした様子は、自然を巧みに利用した成果にも、地形にわさび田がしがみついているようにも見えた。

棚田の中腹、ゴム合羽を着た智哉さんが手にクワを握り、一心に作業中だ。

気を抜くとずるっと滑り落ちそうな斜面をつたってわさび田に入り、また驚く。足もと一面、水がさわさわと揺れている。石垣をつたって流れてきた水が滞りなく下方へ流れ降りてゆくのだが、この厳寒のなか、手足を長時間水に浸して冷えもいとわず収穫を行っている。

「ここは昭和三十年代、水質のいい上流の水を求めて、三代めの父が原野を拓いた場所なんです。わさび田の底には大きな石、その上に栗石（中石）、小石、砂を水平に重ね、下層まで水が浸透する構造になっています。一枚一枚の田にまんべんなく水が回るよう、微妙な勾配をつけて設計してあるんですよ」

智哉さんの説明を聞きながら目を凝らすと、なるほど、わさび田そのものが知恵、労力、執念の結晶として映る。父の太刀雄《たちお》さんはあらたなわさび田を求めて来る日も来る日も山へ通い、ツルハシで岩を掘り出し、山の斜面と格闘しながら少しずつわさび田を整えていった。立ってみればわからないが、足の下に積み重ねてある大きさの違う石は、あらかじめ石箕《いしみ》と呼ぶザルで漉《こ》してあり、自分たちで大きさを選別したものだという。砂も、あらかじめ洗ってある。そこへ、つねに水が注ぎこむよう引き込んだ清流が流れてきて地面を浄化し、砂や小石のすきまに根を張ったわさびは水中に溶けこんだミネラル分や酸素を吸収しながら育つ。わさび田という環境は、つまり、自然と人間がタッグを組んで巧みにつくり上げた循環装置なのだ。

「わさびはとてもデリケートです。水が多くても少なくてもだめ。水量の管理がむずかしく、雨量や

水冷たい2月末に始まるわさびの収穫は、先を見越した選抜もかねている。
質の良いものはわさび田に戻して花を咲かせ、種を採る。

天候によって、上流の水量を調節します。田によって環境も異なります。ここは川が近いから日陰が多くて葉が柔らかいけれど、ほかの二ヶ所は、日中ずっと陽射しが強い場所もあります。それぞれの環境の特徴を把握し、どの場所にどの苗を植えて育てるか、失敗を重ねながら経験を積んで学んできました」

すくすく伸びている茎の根元を覗きこんだとき、おや、と思った。定規で測ったかのように一定の間隔を空け、苗がきっちり一定の間隔を保って整列している。訊くと、的確な距離を保って植えるのは、葉が伸びたとき風通しと陽当たりをよくするため。ともかく隅々まで目が行き届いている。

葵の文様そっくりの丸い大きな葉をかき分けると、茎の最下部にわさびの根茎の頭がのぞいていた。長く伸びた茎の下、無数に株分かれしたおおもとの茎のすぐ下部。太さは生育具合によってまちまちだが、表面の凸凹の間隔が狭く、みしっと持ち重りがして硬いものが良品だという。智哉さん、雅子さんは、沢の水が満ちたわさび田のなかに小さな椅子を置き、それぞれの持ち場で手際よく一本ずつ引き抜いては収穫してゆく。

知れば知るほど、年中気が抜けない苛酷な仕事である。「まるとうわさび」では、三ヶ所に分散するわさび田を一枚ずつ収穫時期をずらして育てているため、一年中が繁忙期だ。夏は辛みが軽やか、秋になると濃縮感が備わるけれど、質に大きな違いが出るわけではなく、とくに旬があるわけでもない。その結果、それぞれのわさび田は休みなく稼働するため、季節に追われ、生育のスピードに対処しなければならないから智哉さんの頭のなかは日々フル回転。全体の状況を把握したうえで、その日の作業を決めてこなす。

「いつもぶつぶつ喋ってます（笑）。自分の仕事を自分に確認しているんですねえ。わさびの仕事は複雑で、こうしていっしょに働いていても、私にはいまだによくわからない」

雅子さんが苦笑いする。東京で育ち、出版業界で仕事をしていた雅子さんが恋愛結婚をして飯田家に嫁ぐと、「何十年ぶりに集落にお嫁さんが来た！」。大ニュースが村をにぎわせた。都会での生活に疲弊していた雅子さんは、夫の片腕となって働くうち、体重が十キロ以上するすると落ち、てきめんに体調がよくなったという。ただ丸かじりするだけでおいしい畑の野菜、きれいな水、澄んだ空気。山の生活が合うのだろうか、と心配した友人も多かったけれど、「私がいちばん贅沢をさせてもらっている」というのが、結婚十五年めの雅子さんの実感だ。

長男の一聖くん、次男の千禮くん、長女の真透さん、三人の子どもたちが学校に出かけると、それぞれの仕事に合わせてわさび田に入る。二手に分かれて着々と採りながら、その場で太さや長さ、等級の選別を行うのだが、雅子さんには色、形、太さなどをすばやく的確に判断するのがいまだにむずかしい。選別に迷うものはいったん取り分け、あとで智哉さんの判断を仰ぐ。じっさい、引き抜いたわさびをまじまじと眺めてみても、一本ずつ表情がばらばらで、品質の違いが判然としない。それを瞬時に見分けるのが、智哉さんの年季のなせるわざである。

「まるとうわさび」の主戦力は、最高品種「真妻《まづま》」の遺伝子を受け継ぐ青系の早生《わせ》。もともと和歌山県から伊豆地方に伝わった野生の原種で、苗を植え付けてから一年で収穫する。静岡は全国のわさび産出額の約八割を占める一大産地だが、そもそも静岡県下におけるわさびの発祥は、静岡市内を流れる安倍川の上流。そこから天城山系に広がり、伊豆各地に伝播した。智哉さんによれば、下田は天城山系に較べると水質がやや劣り、標高が低いため気温が上昇しやすく、わさびづくりには不利らしい。しかし、そのぶん目をかけ、手をかけてわさびづくりと格闘してきたのが飯田家である。

智哉さんがとりわけ緊張感を抱くのが、わさびのすべてを司る苗づくりだ。そのためには、まず質の優れた種を採ること。わさびの種を見たのも初めてだった。えっ、まさかこれが!? ぽかんとするくらい衝撃的な極小の黒いつぶ。可憐な白い花が咲き終わった五月下旬頃、花軸にできた小さなサヤをいっせいに収穫し、流水に二十日ほど浸してから、サヤが溶けたのちに現れる種を確保する。これを砂と混ぜて湿り気を与えながら保存、二ヶ月ほど冷蔵庫で休眠させたのち、彼岸過ぎ、晩秋、年明け……タイミングをずらしつつ種蒔きし、三ヶ所に点在するビニールハウスで苗を育成、夏を避け、これを田に手植えしてゆく。ただし、苗の総数約十万本すべてを自分の田に植えるわけではない。じつは、「まるとうわさび」の重要な仕事のひとつは、わさびの本場、天城の農家に苗を卸すこと。

「うちは弱小農家だから、田に植える苗を自分でつくっていますが、大規模な農家ではそんなことま

わさびは根茎の凹凸の間隔が狭く、持ち重りがして硬いものが良品。香り、辛み、旨みは表面近くにあるので皮はむかない。使うときは頭のほうから。ラップをかけて氷温で保存し、ひと月以内に使い切る。左頁は飯田家のふだんの食卓。手製のわさび味噌と花芽漬、焼き鳥、おかかに醤油をひとたらししたわさび丼。

でしていられない。苗の育成は外に委託するので、請け負っています。自分が選抜して種から育てた苗を出荷するときは、手塩にかけた娘を泣く泣く手放す心境です」

土地に合う種づくりもまた、質のよいわさびを育てるための土台だと考えている智哉さんは、一定の品質を保つためにバイオ技術によるメリクロン苗も導入、品種改良の研究に余念がない。

とはいえ、ここまで神経を遣わなくてもとりあえず育つのもわさびである。しかし、自分がわさびづくりに集中するには理由がある、と智哉さん。

「焼き鳥屋さん、蕎麦屋さん、鮨屋さん……直接販売を始めたら、お客さんの顔が見えるようになりました。お客さんのことを思うと、適当なことはできない。市場に出荷していたときは、景気や相場の波に翻弄されていたのですが、いまは違う。値段の上下があっても、お客さんは逆に増えました。手を抜かずにちゃんとした商売をしていれば、時代に左右されないんだなあと」

丹精したわさびを喜ぶお客さんの存在を思うと、いつも励まされるという。もちろん、顧客にとっても、値段が多少高くても、信頼する生産者からじかに買い求めるわさびは価値が違う。鮨屋、焼き鳥屋、蕎麦屋など、「まるとうわさび」から直接買いたいという顧客を着々と増やしてきた実績が、自然の仕打ちに立ち向かうエネルギーの原動力にもなっている。毎年台風のシーズンになれば、大雨や濁流でわさび田の水が濁るし、土石流や倒木に見舞われることもしばしば。そのたび、半壊状態のわさび田を家族総出で復旧させてきた。年中出没する猪や鹿には、繰り返しわさび田を荒らされ、自然は手痛い仕打ちを食らわす。

「もう命がけでわさびを育てています」

実感のこもったリアルな言葉だと思った。沢を生きる場所として、開拓者同然に生きてきた家族の歴史を感じずにはいられない。

ただし、ふたりには危機感もある。ふたたび「まるとうわさび」を訪れた四月初め、緑がいっせいに芽吹き、そこは山肌が桜色に染まる桃源郷だった。しかし、このさき村の高齢化が進めば、それなりに土地も荒れてくるだろう。次世代にわさび田が残せるのか、不安がないと言えば嘘になる。

「わさびの仕事は一年、一年。自分の体力を考えれば、あと十年かな。長い人生のなかで、いまが一番経験と体力が充実している時期だと思うと、思い切り生きなければもったいない気がして。一日ずつ手を抜かず、自分ができる最大限のことをやりたい」

水は森を育み、海に流れこむ。自然の循環のなかで人間は生きている。わさびづくりを通じて、智哉さんは自分の生き方をこんなふうに俯瞰するようになった。

「今日一日を精一杯生きることが過去となり、それが未来につながる」

智哉さんが手ずからわさびをすりおろしてくれた。ねっとりなめらか、焼き鳥にたっぷりのせて味わうと、つーんと清々しい辛みが吹き抜けた。どうです、イッパイ飲《や》りませんか。春らんまん、満開の桜の木の下で智哉さんが酒を勧めてくださる。小鉢にはわさび味噌、わさびの花芽漬。雅子さんが、削りたてのおかかに醤油をひとたらし、わさびが主役のわさび丼も出してくださった。透明感を湛えた、目に染みる薄緑色。これほど誇らしいわさびを味わったことがなかった。

まるとうわさび

〒413-0716　静岡県下田市須原1523
Tel/Fax 0558-28-0777
http://www.marutou-wasabi.com/

わさび

Lサイズ(50〜100g)1kg　9720円
Mサイズ(30〜 50g)1kg　8640円
Sサイズ(20〜 30g)1kg　6480円
(いずれも税込、送料別)

大阪府

難波戎橋筋「大寅蒲鉾」

蒲鉾

久しぶりに大阪の実家に里帰りした知人が、大自慢の土産を渡してくれたことがある。「これ食べへんと話にならん」。大阪で生まれ育った彼女がソウルフードだと目を細めたのは、明治九年創業、難波戎橋筋《なんばえびすばしすじ》本店「大寅《だいとら》」の蒲鉾だった。

「大阪」の「大」、初代・小谷寅吉の「寅」、二文字を合わせて「大寅」。大阪沿岸で獲れる白身魚を原料にして蒲鉾の製造をはじめ、最初に店を構えたのはミナミ。いまや大阪を中心に三十一軒もの直売店を持つ。お遣いものにも蒲鉾を選ぶ大阪人の信頼を一手に勝ち得ているのだから、おいしさは推して知るべし。店頭のにぎわいも、昔と変わらぬ大阪名物である。

蒲鉾のおいしさは「味」と「足」で決まるといわれる。「味」は魚のすり身そのもののおいしさ、「足」は弾力。一般に関東の蒲鉾は弾力が強く、大阪の蒲鉾はなめらかで柔らかい食感が特徴だが、それは、使う魚が違うから。「大寅」は、ハモで「味」、グチで「足」、組み合わせの妙で個性を打ち

澱粉をつかわない魚のすり身をじっくり焼き通し、亀甲模様に焼き上げた「蒲穂子」(左)と、ふっくら蒸したあと表面に焼き色をつけ香ばしさと保存性を高めた「大板」(右)。大阪の伝統の味を伝える。

出し、代々家業を引き継ぐ小谷家の面々から現場を守る職人たちまで一丸となって「大寅」の味を守ってきた。

「とにかくうまいもんをつくれ」

小谷家の家訓である。「うまいもんつくれ、それ以外ないで」。現在会長を務める小谷公穂さんの口ぐせは、幼い時分からしじゅう聞いていた祖父権六の言葉だ。

「自分がうまいなあと思わん商品は、お客様にお出しするのはご無礼やから一切しません。うちは生の魚からすり身にしてつくりますが、すり鉢擦っている向こうにお客さんがこっち向いていてはるんやから、それをよう考えて仕事せなあかんと言うてます」

多くの蒲鉾の製造元では、原材料のすり身の冷凍ものを専門業者から仕入れている。しかし「大寅」の看板の蒲鉾づくりは、生の魚をさばくところから。じっさい早朝八時に工場を訪ねると、とっくにグチをさばく作業が進んでおり、包丁を握る職人さんたちの手は絶好調。うまい蒲鉾は、目を利かせて仕入れた新鮮な魚を使い、みずからつくったすり身の調合に独自の塩梅《あんばい》をほどこす。

「蒲鉾になっておいしいものと、素材のまま食べておいしいものは違います。たとえ高級素材でつくったからといって、うまい蒲鉾ができるわけやない」

これが「大寅」の蒲鉾づくりの基本だ。自分で手当した魚を、自分のところで調理して品物に仕上げる一部始終。巷では大量生産が当たり前なのに、時流に背を向けるようにして職人の感覚を惜しみなく投入する。

たとえば、大看板「はもいた」。繊細なハモの風味を生かしてつくる食い道楽の味である。まず、魚市場から早朝に届いた新鮮なハモをまないたにのせて目打ち、半身に裂いた身に包丁を当ててこそげ、雪のように白い上身《うわみ》を取る。一尾から取れる上身は魚体の三割ほどと知ると、贅沢な食べものだなあ、とため息がでる。ミンチ機にかけて身をなめらかにし、御影石の石臼に入れて練るのは、すり身に空気をふくませてふんわりとした食感にするためだ。

「僕は毎朝五時に工場に入っています。朝いちばんに仕入れた魚を見て、ものはいいか、何をどのくらいつくるか、考えなくてはいけませんので」

入社以来五十年、一手に品質を預かる工場長（当時）の杉田之孝さんが言う。

「うちは生魚からすり身をつくりますので、よその蒲鉾屋さんの三倍の手間がかかる。蒲鉾は一日二百キロくらいを製造しますが、つくり置きは一切せず、一日に各店へ出荷する分しかつくりません」

練りもの、つまり加工食品に対する思い込みや誤解が吹き飛ぶ。なにしろ、ここでは生鮮食品とおなじ扱いだから。しかし、あらためて考えてみれば、加工食品に対する自分の考えが知らぬまに歪んでいたことにも気づかされる。ほんらい加工食品とは、調味料や添加物を使って加工することだけを意味するのではなかったはずだ。

「かまぼこの原型はちくわである」と著すのは、蒲鉾研究の第一人者、清水亘である。代表的な著書『かまぼこの話』には、「ちくわのことを昔は蒲鉾と呼んだが、その後板付かまぼこができてから、かまぼこの名は板付にとられ、竹付のほうをちくわと呼ぶようになった」。板付は室町時代中期、すでに存在が確認されているが、いずれも各地で獲れた魚を保存する知恵の産物であり、販路を広げる工夫の結果。つまり蒲鉾は日本の加工食品の元祖であり、「大寅」は、そのルーツに限りなく近づこうとしている。

または、看板商品「焼通し」。最初から最後までじっくり直火で焼き上げてつくる浪花名物である。「大寅」の焼通しをはじめて味わったとき、これが浪花の蒲鉾文化だ、と感激した。しっとりとして柔らかいのに、むちむちと引きが強く、香ばしい焼き目があとを引いて食べごたえがあるし、くせになる。焼通しのおいしさの秘密が知りたい。身を乗りだして見ているうち、あっと思った。捌きたてのハモ、いったん水に晒して脂と雑味を抜いた白グチの身、それぞれミンチ機や筋抜き機にかけてから調合し、石臼で練り上げる場面。

機械の「腕」と人間の手が共存している！

御影石の巨大な臼のなか、六十キロのすり身を約二時間かけて練る途中、職人が何度もすばやく腕を差し入れて底からすり身を掬い上げ、まんべんなく混ぜ合わせているのだ。

ほら、氷の玉が入っているでしょう、と杉田さんが指差す。

「氷を玉に削って入れる昔ながらの方法です。すり身にゆっくり水分を入れ、同時に冷やすためでもある。氷に角があると砕けてしまい、水分の入りかたにムラがでるので、玉でなければだめなんです。

右頁はハモのしごと。（上）魚市場から毎朝届く新鮮なハモ。（中）目打ちをして身をこそぐ。（下）タレを刷き遠赤外線で焼きあげたハモ皮。大阪の庶民の味だ。左頁は、御影石の臼ですり身を練り上げる昔ながらの方法。

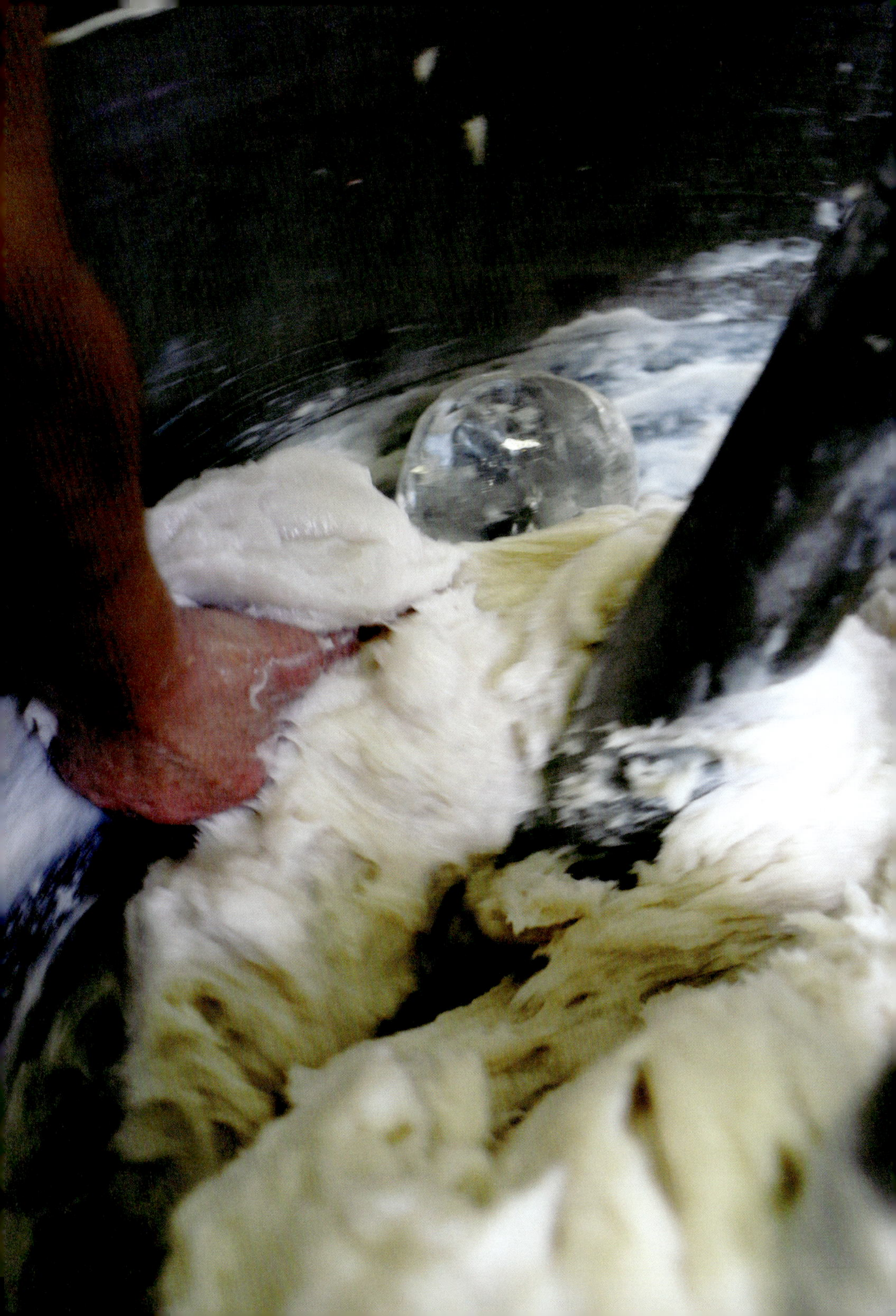

手をじかに入れて混ぜるのは、肌に伝わる感触で練り具合を確認するため。どれも創業当時から守っていることばかりです」

練るにつれ、表面がしだいに光沢を帯びてゆく。指でちょっとすくって舌に乗せると、ふんわり甘い魚の風味。この段階で、すでにおいしい。

「大寅」の味つけの基本は砂糖、塩。できるかぎりうまみ調味料を使わず、すり身を伸ばすときは、わざわざ真昆布から自社でとった昆布だしを薄めて使うのも独自の創意工夫である。杉田さんに訊いてみた。こんなやり方をしているところ、ほかにあるんですか。

「いいえ、ほかの職人さんがいきなりうちに来ても、おいそれとはやれないです。これほど昔のやり方

（上）板付は、出来あがりの食感を左右するので、熟練の職人が担当する。（下）焼通し。蒸さずに直火で焼き、さらに強火で表面に焼きを施す。

にこだわるのは、大きな声では言えませんが（笑）、会長の口をごまかすことは不可能だから。幼少のときから蒲鉾のなかで育っとるから、そりゃすごいですよ。すり身をちょっと味見して、これはあの魚が入っとるな、とすぐわかる。わたしら職人の感覚もおのずと磨かれます」

こうしてできあがったすり身を板に盛り、成形する手作業にも職人芸は生かされている。使う板は、柾目の吉野杉。蒲鉾板は水分を吸収する役目として欠かせない道具だが、うっすら移る吉野杉の香りも、だいじな脇役なのだからぬかりはない。職人の右手には刃を潰した包丁、左手には蒲鉾板。まず少量を板に塗りつけ、そこへ数度に分けてすり身を重ねて山形に盛る。適度に押さえつつ、しかしあくまでもふわっと。無駄のないスピードが、ひとつひとつに蒲鉾の表情をつくりだす。

いよいよ、焼きの工程だ。約百三十度でじっくり五十分焼く。途中でいったん蒲鉾全体に極小の穴をあけ、破裂しないよう空気を逃がし、ふたたび上火に当てると、こんがり焼き目をまとった蒲鉾がほかほかの湯気とともに現れる。かたすみのテーブルに蒲鉾やちくわが切り分けて置いてあるのは、試食用。工場で、何度も試食しながらいちいち味を確認するのも「大寅」スタイルである。

「『作るも売るも買う心』。作る人間も売っている人間も、買っていただくお客さまの心になれ、という意味ですが、ここを崩してしまうとうちのよさが損なわれてしまう。年々材料の値段は高くなって厳しいですが、質のよさは絶対変えません」

現在、四代目を担う娘婿、市川知明社長が言う。関東で生まれ育った市川さんは、「大寅」の蒲鉾を初めて食べたとき「こんなうまいものがあったのか」と驚嘆したという。法事や祝いごと、見舞いや手土産など、日常生活に蒲鉾が浸透している大阪の暮らし。かつて市内には百数十軒の蒲鉾屋が競い合っていたが、いまでは淘汰され、残るのはわずか三十数軒。その牽引役が「大寅」だ。大正期、いち早く東シナ海の魚を仕入れて道を切り拓いた初代の薫陶が生き続けている。

ほかにも、卵物と呼ぶ卵を使った「梅焼」「松風」「玉桜」。関東でさつまあげと呼ばれるてんぷらは、上質な淡路島の玉ねぎを使う「たまねぎ天」、刻みねぎをたっぷり入れた「ねぎ焼」、太いごぼう入りの「上ごぼう天」、木くらげ入りの「白上天」も自慢の逸品だ。若い世代にも練りものの魅力を伝えようと、すり身でフランスパンを挟んで揚げた新商品を考案するなど試行錯誤も怠らない。いっぽう、夏だけ売り出す浪花の味、ハモだけでつくるふわふわの「あんぺい」を伝統的な手技でつくれるのも、もう「大寅」一軒だけ。浪花の練りもの文化を一身に担う格好だ。

「夏場、大寅さんに行くと、アカのたらいに氷とあんぺいが浮かべてありました。いまの会長のお祖母さんがかすりの着物を着て座ってはった。正月ゆうたら臨時売り場のテントに行列ができてね」

すぐ近所で生まれ育った割烹「錦水」主人、山田富雄さんにとって「大寅」の記憶は、古きよき浪花の風景と重なる。

「うどんには蒲鉾が欠かせませんし、蒲鉾を薄切りにして卵でとじた木の葉丼も、こどものころよう食べましたなあ。京都は菜っぱや大根に揚げですが、大阪の場合はてんぷらを使うとうまい」

新鮮なすり身を生かしてつくった蒲鉾やてんぷらなら、加熱すると、じんわりとうまみを醸し出す。こんな食べかたもありますよ、と山田さんが料理してくださった「蒲鉾のみぞれ鍋仕立て」は、かぶら、蒲鉾、だし、全部の風味が渾然一体となった冬の味。練りものの魅力を知り尽くした浪花の料理人ならではの趣向である。蒲鉾には、まだまだたくさんの魅力が眠っているのだ。

小谷会長は、所帯を持つまで店の上の四階で暮らしていた。いまでも超繁忙期の年末年始は難波の本店の階上に泊まり込むのが習慣だ。浪花の味が骨まで沁みこんだ生粋の大阪人である。

「うまいもんつくるには手を抜かんことやとよう言いはりますけど、やっぱり気持ちです。後味のいいうまいもんをお客さまに食べていただきたい、その気持ちが大事やと思うてます」

大寅難波戎橋筋本店

大阪府大阪市中央区難波3丁目2番29号
Tel 06-6641-3451
http://www.daitora.co.jp/

蒲鉾

大板　756円　焼通し　756円
大判　1188円

てんぷら

しょうが天3枚　454円　ねぎ焼3枚　551円
すべて税込。他に各種セットあり、詰め合わせ可能。

右上)「関東煮(かんとだき)」と呼ばれるおでんは、まぎれもなく大阪の味。道頓堀「たこ梅」にて。(右下)華やかなお重詰め、(左上)身も心も温まる蒲鉾のみぞれ鍋仕立て。(いずれも割烹「錦水」山田富雄さん)(左下)大阪の味を守り育てる大寅の会長・小谷公穂さん。

京都府

丹後「竹中罐詰」

オイルサーディン

「ほんとにええお天気のときに来ていただきました」

京都・宮津。早春の陽光が白砂青松に降り注ぐ。目前に広がる日本三景、名勝天橋立《あまのはしだて》は歌枕の世界。顔をほころばせる竹中史朗さんは、明治四十一年創業「竹中罐詰」を守る三代目である。「竹中罐詰」の缶詰、たとえばオイルサーディンの缶詰のふたを開けるとイワシがぴっちり、一糸乱れぬ様子で整列している。天橋立の内海で獲れる一尾ずつ、きゅっと身の締まった端正なおいしさだ。その様子を崩してしまうのがもったいなくて、缶ごと温めてから皿にのせ、小ぶりのフォークを添えてシングルモルトのウイスキーの隣に置く。

おだやかな栗田《くんだ》湾をのぞんで、「竹中罐詰」の工場は海沿いにある。さっそく白衣と帽子、長靴に替え、入念に手を洗い、滅菌槽を歩いて万全の衛生対策をしたうえで工場に入った。すみずみまでこざっぱり、清潔。とはいえ、缶詰につきまとう無機質なオートメーションのイメージとはほど遠い。

洗い、塩漬け、下ゆで、詰める作業、選別……すべての工程がひとの手でおこなわれている。「手でつくる缶詰」。これが、まず最初の印象だった。

オイルサーディンは一日に約五百キロの新鮮なイワシを一尾一尾、包丁で頭と内臓を取ることから始まる。脂が乗って豊満、ぴかぴかの銀鱗が鮮度のよさの証明だ。包丁の動きが目にもとまらぬほど速いのは、鮮度に影響を与えないため。真水で洗ってから赤穂《あこう》の塩に十分ほど漬けて血抜きをほどこし、二十五度の冷風に六十分かけて表面を乾燥させる。そのとき「エビラ」と呼ぶ干し網の上に均一に配置するのも、いちいち手作業だ。万事迅速。指の動きに神経が行き届いているのがよくわかる。

日に三千〜三千五百個の缶詰をつくるが、いっぽう、近年イワシの漁獲高は減り続けてきた。カタクチイワシの漁獲高はおおむね一定だが、マイワシの漁獲高の変動には二十五年とも五十年ともいわれる長い周期があり、平成元年をピークに以降、減少の一途。ようやくここ三年ほど、回復のきざしにある。

質のいいイワシを仕入れるには苦労がつきものだが、竹中さんには信念がある。

「わるいもんからええもんはできない。ええもんからしか、ええもんはできない」

イワシであればなんでもいいというわけにはいかない。缶詰にするからこそ品質の優れたもの、鮮度の高いもの。そのぶん素材の買いつけはひとに任せられない。じゃあなにもそこまで新鮮ならわざわざ缶詰にしなくても、という声も聞こえてきそうだけれど、それは的外れ。缶詰が保存手段だった時代の思いこみでしかない。よい素材を使って丁寧につくられた缶詰には、缶詰ならではのおいしさがある。さらには、熟成を重ねるにつれてうまみが深くなってゆく、これも缶詰という食べものの魅力だ。

「『うちの味』という幅はありますが、厳密にはいつも同じ味ではないんです」

（上）イワシの頭を落とし内臓を除く。（右下）塩水でよく洗ったのち、軽く干して水分を飛ばし身を締める。（左下）尾と頭の切り口を小ぶりのはさみで整える。（左頁）身の大きさ、締まりまで瞬時に目と手で量り、ぴっちり整然と詰めるのが竹中罐詰流。

できたてにはできたて、一年めには一年め。竹中さんは、缶詰にはそのときどきのおいしさがあるんですよ、と竹中さん。「竹中罐詰」の顧客のなかには、二年置きにまとめ買いして自分で寝かせ、じっくり熟成してゆく味の変化を楽しむひともいると聞いて、はっとさせられた。

午後。オイルサーディンを缶に詰める作業がはじまった。その過程を見学しながら、ため息がでた。表面を乾燥させて軽く油煤をほどこしたイワシの両端を、缶の幅に合わせてハサミでカット。それを手前から交互に重ね、すきまなく詰めてゆく。詰め方には決めごとがある。頭は外、尾は内向き。最初に左手前に一尾置き、その上に頭を逆に向けて、もう一尾。重ねたイワシの中心がずれないよう、左手の指を軽く当てて押さえ、左、右、左、右、手前から順番に詰めてゆくのが「竹中罐詰」のスタイルだ。しかも、イワシの大きさによってひと缶に十四尾から二十二尾まで、全体の重量は約七十グラムと決めている。仕上げに、一センチ角に切ったローリエの葉をちょんとはさみこむ。

オイルサーディンだけではない。ゆでて燻煙したカキ、ホタテも、ひとつぶずつひとの指できちんと揃えて並べる。ホタルイカを詰める作業もこまやかだ。舌触りに違和感があるから、とピンセットで目の部分をいちいち取り除いている。きちんと缶のなかに並んだ様子に、美意識がある。おいしいものはうつくしい。

この独特の製法には、竹中さんの考えがある。

「日本人に合うオイルサーディンをつくりたいと模索したのちの結果です」

竹中さんは世界中のオイルサーディンを食べてみたけれど、どれも身に締まりがなく、自分の手本にはならなかった。一尾ずつ食べごたえのある味わい豊かな缶詰をつくってみたい。この一念が、現在の独特のスタイルに行き着かせた。

「竹中罐詰」の歴史を語ることは、日本における缶詰の足跡をたどることになる。明治四十一年、京

カキは宮津の工場から30㎞離れた久美浜で仕入れる。牡蠣いかだから引き上げたら、即座に剝く。この新鮮さが味をつくる。

Jf

(上)ホタルイカの身をそっとつまみ小さな目を外す。この作業で、なめらかな口あたりが実現する。(下)新鮮なカキを塩水でボイルし、楢のチップで軽くスモーク。身が縮んだり傷があるものは、惜しげなくはねる。(左頁)ひとつの工程につき2時間が目安。集中がとぎれない仕事の仕方も、竹中罐詰の味の秘密かもしれない。

都・祇園の白川通で中央市場の青果商として創業、そののち、近隣の滋賀のグリーンピースや京都のたけのこがたくさん採れるから、と初代の竹中仙太郎が缶詰製造を手がけはじめた。缶詰食品は明治十年代から日本でさかんに製造され始め、日露戦争を契機に簡便な保存食として軍用の需要が高まり、軍需産業とからんで新業態として注目を集めた。三十八年には「大日本缶詰業連合会」が設立されている。昭和十年代、「竹中罐詰」がつくっていたのは、野菜の水煮のほか、五目飯や白米、いなりずしなど。缶詰は、あたためれば簡単に食べられる画期的な「インスタント食品」として広く受け入れられていった。太平洋戦争当時は韓国に工場を移設して興隆したが、敗戦とともにやむなく工場閉鎖、ふたたび京都に戻って宮津に工場を構え直す。昭和九年生まれの竹中さんは十二人兄弟の末っ子、同志社大学卒業と同時に「宮津へ行ってこい」と修業にだされた。宮津生まれの夫人とは二十五歳で結婚、人生の大半を宮津で缶詰づくりに没頭してきた。

「かつて京都には缶詰屋がたくさんありましたが、結局残ったのは、うちともう一軒だけです。昭和三十年代は厳しかったですねえ。当時、冬はズワイガニ、春になるとたけのこ、ふき、グリーンピース。七月から十月はイワシ。当時は、冷蔵技術がいまのように発達していなかったので、素材の鮮度を守るのが大変でした」

しだいに保冷・冷凍技術が向上してゆくと「冷やして流通させる」方法が主流になり、いやおうなく発想の転換を迫られた。これまでのように保存手段としての缶詰に甘んじてはいられない。昭和四十年になると、たけのこやカニ缶の製造をやめ、みずから間口を狭めることにした。種類を減らすことで品質のよさに集中しようと決断したのだという。その過程ですこしずつ完成度を高めていったのがオイルサーディンだった。

「小さな範囲で満足のいくものをつくる。これがわたしの代の生き方です。かりに会社を大きくしてお金儲けをしようとしても、自分の才覚には合わない。身の丈以上のことをしたら道を外れます。むやみに販路を広げたくないから、売り込みにもいかないんです」

地元での信頼が蓄積できたかなと実感できたのは、四十歳を超えたころ。「いろんな条件が重なって現在のかたちができただけ」と竹中さんは謙遜するけれど、試行錯誤のすえ定まったオイルサーディンの味は、「竹中罐詰」自身の指標となり、結果として財産になった。

イワシを並べ終えると、最終工程へ進む。細い線路のようなローラーに乗ると、専任の女性がピンセット片手に目で見てチェック。ことこと線路のうえを運ばれる途中で、綿実油が注がれる。透明感のある油もさらりときれい。その直後、ぱこんぱこん、かわいい音を響かせてふたがプレスされる。缶に付着した油汚れを取るために百度の湯を通過させ、三回洗浄してからようやく完成だ。

いやしかし本当に入念ですねえ。目を丸くすると、竹中さんは言下に「開けるときまでうちの責任ですからね」。

「一尾ずつはささやかですが、お客さんが召し上がるときは貴重な一尾です。手ぇ抜いたら絶対あきません」

その考えが、工場で働く三十人みなに浸透している。現在の製品はオイルサーディンのほか、カキ、ホタテ貝柱の燻製、子持ちししゃも、はたはた、ホタルイカ、わかさぎの全七種類。この二十年、蓄積した技術を手だてにして、ラインナップをすこしずつ増やしてきた。

「いえね、宮津のバーで芸妓さんに『竹中さんのところはサーディンだけしかあらへんの?』って言われて腹が立ってね(笑)。よしやったる、と発憤してつくったのがししゃも、はたはた、ホタルイカ、ホタテ。今となっては、その芸妓さんに言うんです。『あんたのおかげや』て」

竹中さんは意地のひとである。

製造した缶詰は、その翌日、かならず無作為に選んで試食するのが長年の慣わしだ。自分で味わって確認し、納得してはじめて出荷する。素材選びから出荷にいたるまでひとがつくり上げてゆく様子は、「缶詰は機械生産」という一般のイメージを根底からくつがえすものだ。

問屋さんたちに育てられてここまできたけれど、最近は流通の形態がずいぶん変化して、小回りのきくちいさな問屋さんが淘汰されるようになった、と竹中さんはちょっと寂しそうだ。

「すぐ売れるものだけが生き残る世の中になってしまいました」

帰路、宮津駅のホームに立つと、「竹中罐詰」のオイルサーディンの看板が掛かっていた。押しも押されもせぬ宮津名物である。

大江山生野の道の遠ければまだふみも見ず天の橋立　小式部内侍

百人一首にも詠まれた天橋立に護られてつくられるこの缶詰は、宮津の「季節の味」。日本人による日本ならではの缶詰である。

竹中罐詰

京都府宮津市字小田宿野160-3
Tel 0772-25-0500　Fax 0772-25-0837

オイルサーディン

1個　500円

かき

1個　800円

ほか、ホタテ貝柱、ししゃも、ホタルイカ、はたはた、わかさぎなど。（地方発送は10個から。送料別）

淡い金色のオイルに浸る、絹のように輝くイワシ、ふくよかなカキ。天橋立の豊かな海で育まれたものばかり。右上は、竹中史朗さんお手製のサーディン丼。

静岡県

沼津市「ベアード・ブルーイング」

クラフト・ビール

なんと大胆な。「アングリーボーイ　ブラウンエール」の飲み心地に興奮する。口当たりの柔らかさ、一瞬の甘さを追って現れるがつんと立体的なボディ、鋭角的な苦みなのにさわやか。〝怒りんぼくん〟の魅力にノックアウトされる。

気骨があるのだ、「ベアード・ブルーイング」のビールは。「ライジングサン　ペールエール」「黒船ポーター」「レッドローズ　アンバーエール」……「ぐびぐび、ぷはー」で終わってしまうビールとは大違い。よし、腰を据えてこのひと瓶をじっくり味わおうという気にさせられる。栓を抜いたあとのポテンシャルの高さ、すうっと沁み通るナチュラルな飲み心地、一度見たら忘れられないラベルのビジュアル、いずれもクラフト・ビールの価値を知らしめるものだ。

「ベアード・ブルーイング」は静岡・沼津港の近くに建てられた小さなビール醸造所である（現在、修善寺に移転）。オーナーはブライアン・ベアードとさゆり夫婦。アメリカ・ワシントンDCで出会い、

日本で結婚してこのとき十一年、沼津でたった三十リットル仕込みのブルワリーとして出発し、千回めの仕込みは〇八年秋だった。千回記念のアニバーサリービールの名前は「ざまあみろ！エール」。

「僕らが沼津でクラフト・ビールをつくり始めたとき、周囲の反応は、〝成功するわけがない〟。経済的にもビジネス的にも無理だと遠巻きにされていたんです。でも、年々口コミだけで広がって、今年はアメリカに輸出するまでに成長しました」

ブライアンが流暢な日本語で話す。ふたりには、ずっと唱えてきた合い言葉がある。

「ライバルは高くてまずいビールだ！」

きんきんに冷やして飲めばたしかに爽快かもしれないが、冷たさに舌が麻痺して味がごまかされるだけだというのが、当初からの彼らの主張だ。「ベアード・ブルーイング」のビールの最適温度は八～十二度。日本の大手ビール会社が設定している四～七度と較べると、かなり高め。

「『ぬるいビール』と嘲笑され続けて、いくら説明してもわかってもらえなかった。でも、絶対この味がおいしいという信念を曲げなかったんです。だって、ビールを愛しているから」

クラフト・ビール、つまり地ビールは個性で勝負。定番のエール七種類に加え、年間四十種類の季節限定ビールもファンをつかんでいる。秋冬なら、目玉はいちじくとニッキで仕込んだリッチな「ジュビレーションエール」、ベリーの重厚な風味がじわっと広がる「ビッグベリー ブラウンエール」、アルコール度数が高く複雑な風味の「ダークスカイ インペリアルスタウト」……寒くなるにつれ、色も風味も濃いビールを打ち出すのが「ベアード・ビール」のスタイルだ。

「ビールは夏だけの飲みものじゃないんだよと言いたい。本来は、通好みの強いビールのシーズンは秋と冬なんですよ」

今では「静岡にベアード・ビールあり」とビール通に広く知られる存在だけれど、見知らぬ港町で

の孤軍奮闘はやっぱりハードだった。

「最初の四年は泣きたいくらい大変でした」

そもそも一九九三〜九五年にワシントンDCの大学院で日米の経済・金融・政治を研究していたブライアンは日本の情勢に通じており、当時とりわけ関心をそそられたのが九四年に細川政権下で行われたビール製造の規制緩和だった。それまでの年間最低製造量二千キロリットルが一気に六十キロリットルに引き下げられ、日本での小規模のビール製造が可能になった。

「日本でビジネスをすることが僕の夢でした。政治経済の角度から日本を見て、国際舞台で日本の企業が得意とするのは金融でもサービス業でもなく、職人的なものづくりだと感じていたから、クラフト・ビールにぴんときた。それにビールは日本人も好きだしね」

来日後、ある社団法人に就職するが、ほどなく辞めて二人でいったんカリフォルニアに渡り、醸造

麦芽を糖化した麦汁を煮沸したのち、ホップ、酵母を入れ発酵タンクに。（上、中）温度管理し、一次発酵を終えたビールの比重を測定する。（下）熟成タンクに移し、さらに香りづけのホップを。（左頁）「設計どおりに進んでいるか……」熟成の具合を確かめる。

学校でビールづくりを半年学ぶ。ちょうどアメリカで小規模醸造所《マイクロ・ブルワリー》が盛んになっていたころだ。その後再来日してビール設備の会社に就職し、静岡に出向。しかし納得できるビールをつくるには自分のブルワリーをやるしかないと決断する。それが九七年のこと。

　出資者を募って二〇〇〇年に船出するのだが、ビジネスとビールづくり、両方いっぺんに初めて尽くしのスタートはきつかった。しかし、ふたりには幸運を引き寄せる力があった。やがて見つけた工場は、もとは蛸を扱う水産工場だったから排水設備が充実していた。〇六年、新たに導入した設備は、知人の紹介で格安で入手した富士市にある「駿河ビール」のドイツ製機材一式で、それを設計し直した。作業フロアは自分が動きやすいよう、地元の大工さんに頼んだ効率優先の手づくりだ。

　おだやかな冬の日、青空に沼津のかもめが飛んでいる。「BAIRD　BREWERY」の名を冠した醸造所のドアを開けると、清潔なフロアには塵ひとつない。仕込み用バッチサイズは一キロリットル。マイクロ・ブルワリーとしては平均的な大きさだというが、タンクの数を多く設置しているので同時に多種類のビールが仕込める。釜は仕込み釜、お湯タンク、ワールプールなど四つ。無駄のない設備が自慢である。隣には発酵タンクや熟成タンクが並んでいる。このときは、年明け早々に例年出荷する初醸造の限定「ダブルIPA」「エキスポートスタウト」が仕込み済み、熟成を待っていた。

　ビールは麦芽、ホップ、酵母、水を主原料としてつくる飲みものだが、その選び方や扱い方によって、風味に大きな差が出る。多種のビールをつくるために何種類もの麦芽を使い分け、ブレンドしているが、「ベアード・ビール」の味の設計の基本は、古典的な伝統を崩さないこと。ヨーロッパ産の大麦の麦芽を中心に選び、ホップはエキスやペレット（粉末凝固型）は一切使わず、香りの優れた生ホップだけを使う。発酵を促す酵母は司祭のような存在だ。タンクで育てたどろりと濃い酵母を回収するときは、いつも緊張が走るし、酵母や麦汁を扱う段階から、すでに頭のなかで最終的な味のイメージを明確に描いています、とブライアンの説明は明晰だ。

「酵母は生き物だから種類によって性格も違います。酵母と親しくなることはとても大切で、自分の酵母が元気かどうか、判断基準は経験によって培われます。やればやるほどわかる職人の世界」

いよいよ発酵が始まったら、適切な温度帯で発酵が進むよう栄養たっぷりの麦汁を与え、入念に管理を行う。「ベアード・ビール」が一貫してこだわるのは無濾過《むろか》、自然発泡。無濾過のビール内には酵母が生きており、糖を得て適度に発酵し、炭酸ガスを生む。完成していない段階のビールを樽や瓶に詰めて二次発酵させることで自然発泡させ、味をぐんと進化させるという考え方だ。

「この製法を完全に守っているブルワリーはひとつもないです。なぜなら教科書がないから。試行錯誤の果ての判断力しか頼りにならないんです」

十度の貯蔵庫で瓶内熟成を数ヶ月から一年、ゆっくり待って出荷を迎える。

「自然まかせで、自分たちでも予測がつかない部分があるのがおもしろい。飲んでみると、わあこんなに熟成しておいしくなってるって」

瞳をきらきら輝かせて語るさゆりさんは、沼津でブルワリーをつくって「百八十度、人生が変わりました」。この十九年、公私ともにパートナーとして夫を支えてきた日々は怒濤のようだったと振り返る。いまでは四人の娘の母、一家は六人になった。春に登場する季節限定ビール「四姉妹スプリングボック」、これはサバナ、アッシュ、レキシントン、サマーの四人娘にちなんだビールである。

ふたりの歴史が一本一本のビールの味に生きている。自分たちがビールづくりに注ぎこむ情熱のおもむくまま、エール（上面発酵）もラガー（下面発酵）も手がければ、ベルギーのビールづくりに触発されてフルーツやスパイスを使ったオリジナルの味にも挑戦する。尊敬してきたクラシックなビールも定期的につくり続けつつ、遊び心を忘れない。

「ワールドシリーズが始まると毎年出すモルティな『ビッグレッドマシーン　フォールクラシックエール』は、僕が少年時代に大好きだったシンシナティ・レッズにちなんだエールなんです」

頑固でアングリーボーイ。子どものころから、いつもなにかに燃えている少年だった。今よりどころにするのはビール職人の精神。ほかに似たものがない味、飲み手の味覚を捉えて離さない味を身上とする。

いっぽう、一般の地ビールには「値段が高くておいしくない」というイメージがつきまとっていることも事実だ。

「僕はこう思うんです。日本では哲学なしの地ビール屋さんが多すぎる。おいしいビールを一生懸命つくるのではなくて、町おこしや観光事業とか、第三セクターのためとか、ビールづくりが手段になってしまってるんです。メーカーの人と話すと、ビールは誰でも簡単にできると思っているみたいだけれど、アメリカで半年に百数十ヶ所のブルワリーを回って感じたのは、いいブルワリーはみんな自分の哲学を持っているということ。ただお客さんのニーズを追いかけるのではなく、自分が職人として何をつくりたいか、それさえきちんとあれば。アメリカには"The harder you work, the luckier you get"（一生懸命やればやるほどラッキーになっていく）ということわざがあります」

日本で広く飲まれている大手のラガービールはおしなべてライトで均一な味わいだが、それは私たちがほかを知らないだけかもしれない。製法、種類、味わい、ビールの世界は幅広く奥深い。いろいろなビールをつくろうとすれば、そのぶん原料の確保、在庫や流通の管理など手間ひまがかかるし、レシピを開発できるつくり手がおらず、売る自信がないからどこもチャレンジしないんです、とブライアンは日本のビールの状況を分析する。

職人と呼ぶにふさわしい鋭敏な感覚、優れた経営者の資質。ふたつを併せ持った「ベアード・ブル

（上）定番ビールは、それぞれ個性的だが、それでいてひとつの哲学に貫かれている。力強く印象に残るラベルデザインは、会社のロゴと同様、西田栄子さんの手になるもの。（下）ブルワリーと子育てはほぼ同時期にスタートした。子どもたちが小さいときは、学校からまっすぐ醸造所やパブに帰ってきた。

Baird Beer
Red Rose Amber Ale
Teikoku IPA

Baird Brewing Company
Numazu Japan
Baird Brewing Company
Numazu Japan

ーイング」は、ビール市場の一%にも満たないといわれる日本のクラフト・ビールの壁をぶち破る先鋒だ。土地の女神にも祝福されている。

「じつは、沼津でもっとも恩恵を受けたのは水なんです。ホップの苦みが特徴のビールを生かす、硬度三十〜四十のすごくきれいな軟水。つくればつくるほど、ビールをつくるには沼津はほんとうにいい土地だとわかってきました」

「やばいやばいストロングスコッチエール」「がんこおやじのバーレイワイン」「カントリーガールかぼちゃエール」……冬は、飲みたい気分を刺激するビールが目白押しだ。家で飲むのもいいけれど、地元沼津に足を運べば新鮮なおいしさが歓待してくれる。

黄昏れてゆく冬の沼津漁港を眺めながら味わうひとときは、ほんとうに幸福だ。港に揚がった香ばしいあじのフライをつまみに、熟成したてのエールをごくり。キック力はどこにも負けない。

＊ベアード・ブルーイングの醸造所は二〇一四年、伊豆市修善寺に移転して「ベアード・ブルワリーガーデン修善寺」として稼働中。

ベアード・ビール

シングルテイクセッションエール
アングリーボーイブラウンエール
ライジングサンペールエール　帝国IPA
沼津ラガー　島国スタウトほか
ベアードビール工場直送セット各6本　2700円〜（税込）

ベアード・ブルーイング

問合せTel 0558-99-9910（ビールに関して）
0558-73-1199（会社に関して）
e-mail:info@bairdbeer.com
http://www.bairdbeer.com/
〈フィッシュマーケットタップルーム〉
静岡県沼津市千本港町19-4-2F　Tel 055-963-2628
営業　17時～24時、土日祝12時～24時（火曜定休）
〈中目黒 タップルーム〉
目黒区上目黒2-1-3 中目黒GTプラザC棟2F
Tel 03-5768-3025
営業　16時～24時、土日祝12時～24時（定休なし）

高知県

馬路村「馬路村農業協同組合」

柚子

「えいゆずができた　きれいにしちょらなぁねぇ」

素朴な手書きの見出しが躍る、馬路《うまじ》村農協発行「ゆずの風新聞」二〇一三年十一月号。

「だんだん寒くなり、ゆずが一気に色づき始めました。パチン、パチンとゆずを収穫する音とともに、ゆずの香りがあたりを包んでいます。忙しいけんど、嬉しい嬉しいゆずの季節です」

飛行機と車を乗り継ぎ、高知の山奥へ向かった。長い道のりを経て馬路村に入ると、黄色のまんまるの実が鈴なり。静かな村が活気に充ちている。

人口九百人弱、森林率九六％。安田川沿いの小さな村は、馬でしか行けないので馬路村の名前がついたともいわれる。ところが、馬路村で収穫して売る柚子製品の販売総額は、驚くなかれ年間三十一億千八百万円（二〇一二年）。売り上げの約六割を占める「ぽん酢しょうゆ　ゆずの村」「ごっくん馬路村　ゆずドリンク」はりっぱな全国区だ。

10月半ばから柚子が熟しはじめ、ひと月は収穫に大わらわ。1シーズンでおよそ800トン、山間の馬路村は黄色に染まる。

昭和三十年代、馬路村は営林署を二つ持つほど林業で興隆したが、国有林事業の経営合理化などを受けて衰退。昭和三十八年、村全体で一念発起し、柚子栽培に取り組んで今日の成功を手にした。奇跡的な成功の秘密を学ぼうと、全国からの視察があとを絶たない。

小さな馬路村の野望はでかかった。二〇〇三年、「馬路村自立の村づくり宣言」を掲げ、いかなる市町村とも合併しない方針を確立。村・森林組合・農業協同組合が一丸となって村づくりを行う。その中心で輝く黄色い太陽、それが馬路村の柚子である。

濃い緑の繁みのなか、たわわに実った鮮やかなまんまるがにこにこ出迎えてくれる。合計四十五ヘクタール、全百九十戸の柚子農家が、除草剤を使わず、手で草を刈りながら自然の力で育てる野生の恵み。十月から十一月、収穫を迎えた村は柚子の香りに包まれて大忙しだ。数少ない実生《みしょう》（原木）の柚子畑を訪ねると、西野賢一・幸子《ゆきこ》さん夫婦が柚子採りの真っ最中。

樹齢四十数年、古木然として鬱蒼と茂る畑に足を踏み入れると、ねっとりと芳しい柚子の香りを風が運んできた。ハシゴの上の幸子さんに「香りがすごく濃いですね」と声を掛けると、

「馴れてるからかな、わたしらちいともわからん」

脇目もふらず、ハサミを動かして枝から実を離す。実生の木は「バラ」と呼ぶトゲが鋭くて長く、うっかりすると怪我をする。大音響で流れるカセットテープの五木ひろしの声が、伝来の柚子畑を心地よさげに揺さぶっていた。

埼玉からのUターン組、十八年前に村へ戻ってきたのは乾湧《いぬいいずる》さん。親から譲り受けた三反の柚子畑で三百五十本の木を育てている。

「自然に放っておいても柚子はなるけれど、合理的に集荷しやすいよう、木のなかに人間が入れる作り方を工夫しています」

見慣れてくると、柚子畑にも農家一軒ずつ個性があることがわかってくる。乾さんの柚子畑は背が低め、三〜三・五メートルの高さに統一されている。柚子の木は生長が早く、放っておくとどんどん伸びて集荷しづらくなるから、二〜三月の剪定期以外にもこまめに剪定する。また、枝のあいだに丸竹をかませて広げ、すみずみまで日光が届きやすいよう独自の工夫を凝らしている。肥料をやるのは三〜十月。台風の季節になると、幹や枝につっかえ棒をして保護する。村全体で有機栽培に取り組んでいるが、なかでも乾さんは熱心な有機JAS認定農家十一人のひとりだ。有機農法として認められる農薬は限られているが、黒点病や幹グサレから木や実を守るために地道に消毒を行う。

「今年の夏は水が足りなくてみんな苦労しました。葉もしおれてきてね。僕は水道水をかけて手当しましたが、この畑は昼から陽が当たるので、意外に土に保湿性があって助かりました」

畑の地形によってそれぞれが工夫を凝らし、切磋琢磨しながらの柚子づくり。

「自分の思うた実がなってくれる、それが楽しい。夏は三時半ごろ起きて草刈りして、朝から川へ行って一日中鮎を釣ってます。柚子を育てて、鮎をかけたり、ウナギを押さえたりしているのが一番。人に使われるのが大嫌いやき（笑）」

馬路村の柚子は、村人の暮らしに寄り添う木でもある。九年前に夫を亡くした尾谷《おだに》直子さんは、六十八歳の今も二反、数百本の柚子の面倒をみている。

「剪定はもうようせんのでね、頼みゆうが。家族がたくさんおって、剪定や収穫を家族でやれば出荷して収入になるけど、私みたいに人に頼みよったら、そんなに。収穫がようけあるときで四トン五百くらい。今年は日照りで少なくて、三トンもない。大変やけんど、自分のうちにあるものですから、絶やさんように守っていかないかんな」

十月から十一月の日課仕事は、収穫して一個ずつヘタ上を切り、ケースに入れて軽トラックに積み

（左頁）妻が実を入れ、夫がハンドルを下ろして圧搾。摘んだ実はできるだけその日のうちに搾るという西野さん。馬路村ではどの家庭でも、一升瓶に何本も「柚の酢」がある。（右頁）農協の集荷場は朝8時から夕方5時まで開いている。

込み、午後四時半までに農協へ運びこむ。ひとり暮らしの直子さんに柚子の木が寄り添い、老いの日々を励ましている。

農家が集荷した柚子には、行き先がふたつある。ひとつは農協の工場。もうひとつは各家庭の軒先。柚子搾《しぼ》りは、晩秋から初冬にかけて村の風物詩である。

実生の柚子をさっそく搾るという西野家を訪れると、夫婦いっしょの柚子搾りが始まっていた。摘んだ柚子は、できるだけその日のうちに搾る。木製の搾り機の筒のなかに洗った柚子をぽんっと一個入れ、ハンドルを下ろすと、じゅわー。搾り汁、残った皮、同時に分別されて別々の口から勢いよく外へ飛び出す。やっぱり必要は発明の母なんだなあ。馬路村の知恵が結集したスペシャルツールの仕組みに感嘆していると、「器用な知り合いに三万円でつくってもらった」。これは昔から村の人々が使っていた搾り機の改良型で、どの農家でもおなじ改良型が活躍しているという。

つぎに登場するのは一升瓶だ。搾った果汁を二度ほど漉し、熱湯消毒した一升瓶に詰めて保存用をこしらえる。家庭によって瓶の本数は違うが、毎年三十本ほどつくって自家消費と贈答に使うのが、いつもの習慣だ。自家用は、長期保存のために塩を入れたもの、塩なし、二種類を各一本ずつ。

なんと贅沢で豊かな光景だろう。さんさんと降り注ぐ初冬の陽射しの下、一升瓶に射し込んだ漏斗のなかへ柚子の搾り汁が惜しげなく、たぷたぷじゅわじゅわーと注がれてゆく。この村を守る豊饒のしるし。柚子がもたらす恵みに手を合わせたくなった。

昭和三十八年にスタートした馬路村の柚子づくりの道程は、日本人の食生活の変遷に符合している。つまり、先見の明があったということ。育てるだけではなく、いち早く加工品づくりに踏み切った英断は、時代を見極める目があればこそだった。

その中心人物が、馬路村農業協同組合・代表理事組合長の東谷望史《とうたにもちふみ》さん。昭和五十五年から組合長を務め、馬路村の柚子を全国区に導いた立役者である。東谷さんと話すうち、わたしは坂本龍馬の言葉を思い出していた。

「行動するがぜよ」

東谷さんの話。

「搾った柚子を加工して売る、つまり消費者に直接結びつく産直の仕組みをつくったら、もしかしたら生き残れるかもしれんと考えたんです。大手の醸造や飲料メーカーに原料として売れば、値段は安く買い叩かれるし、農家の実入りは少ない。産地間の競争に勝つためには、知名度を上げ、ブランド化できたらいけるんやないか。原料供給先では終わりたくない。自分のところでモノを作ろう。

最初は、トラックへ積んで県内を売り歩きよったね。けんど、ある時期から収穫量が増えて、経済連に委託し始めたら、今度は売れなくなって。結局、自分たちで売る努力をせんからよ。生産は右肩上がり、なのに在庫は溜まってゆく。でも、柚子は必ず伸びると思ってたね。昭和四十年代、海外からの輸入レモン果汁が売られているのを見て、思うた。僕らは子どものころから柚子食べていて、レモン果汁なんか丸過ぎて合わん。日本で柚子文化が広がるという確信はあったがよ。ただ、広告宣伝費はないし、流通は押さえてない。さあ、僕らの村で採れる搾り汁をどうしよう。そこで東京や大阪のデパートに足を運んで物産展に参加して、柚子果汁というものを知ってもらうための長い取り組みを始めた。

昭和五十年代後半あたりから、『ゆず酢』がそれなりには売れるようになった。けんど、都会の人は家で料理を作らん外食の時代が来た。これは限界やろうなあと思い始めたとき、大手メーカーがポン酢を売り始めた。村の家庭では、柚子果汁を大根おろしと醤油に入れてつくりよったポン酢が市販されるようになって、市場が拡大し始めたんです。冬場に売るものがなくて仕事がなかったから、これや！　と。ノウハウも設備もないところから少しずつ始めて、昭和六十三年、東京池袋の西武百貨店の『日本の101村展』で『ぽん酢しょうゆ』が最優秀賞をもらって、その年に売り上げが一億円を超えました。

まあ、あのころは本物がなかったがよ。日本中がだんだんおいしいものを追求する時代になった。ほかはちょびっと柚子果汁を入れる程度やが、うちは柚子果汁二〇％以上。味は、適当や。あっはっは。おいしいのも大事やけど、イメージも大事やった。ラベルのデザインは、今では超有名なデザイナーがやった。梅原真よ。目の前でささささーと描いて、『こんながでどうぜ』。もうちょっと都会向けのデザインをイメージしてたのに（笑）。でも、都会では、あったかみとローカル色が目立った。

『ごっくん』（蜂蜜入り柚子ジュース）を売り出したのは六十三年。僕は当初、りんごジュースやみかんジュースには絶対敵わないと思ってた。ところが、あのころから日本人の甘さに対する嗜好が変わりだしたんです。ポカリスエットが出てきて、だんだん水やお茶が売れ始めて。夏に『ごっくん』、冬に『ぽん酢』が売れるようになり、しかも『ぽん酢』は年中商品に育っていった。

農協で扱っているのは柚子だけ。国の政策として米が安くなったのも大きいが、この村で米をつくると機械代が何百万もかかってしまうき。だから、農家も米はやりとうなかった。その点、柚子は設備投資がいらんし、人海戦術やから、みんな少しずつ柚子に移行していったんです。

ただし、どんなに努力しよっても、こっちが結果を出さなかったら農家はついてこんぜ。支払いの時期、価格、どこより農協に出したほうが有利だと思ってくれるから集まってくる。だから、馬路の柚子はよそに流れん」

平成五年、馬路村は約四億五千万円かけて新工場を設立し、有機栽培と循環型農法のための堆肥センターもつくった。平成二十三年に売り出したオリジナルの柚子化粧品も絶好調である。柚子の皮、

（左上）枝バサミで実をはさんで落とさない、尾谷直子さんの丁寧な摘果。（右上）枝を広げ実の付きを良くする、工夫に満ちた乾さんの低木の果樹園。（右下）二枚看板「ごっくん馬路村」「ぽん酢しょうゆ　ゆずの村」と、原点ともいえる100％果汁「ゆずしぼり」。

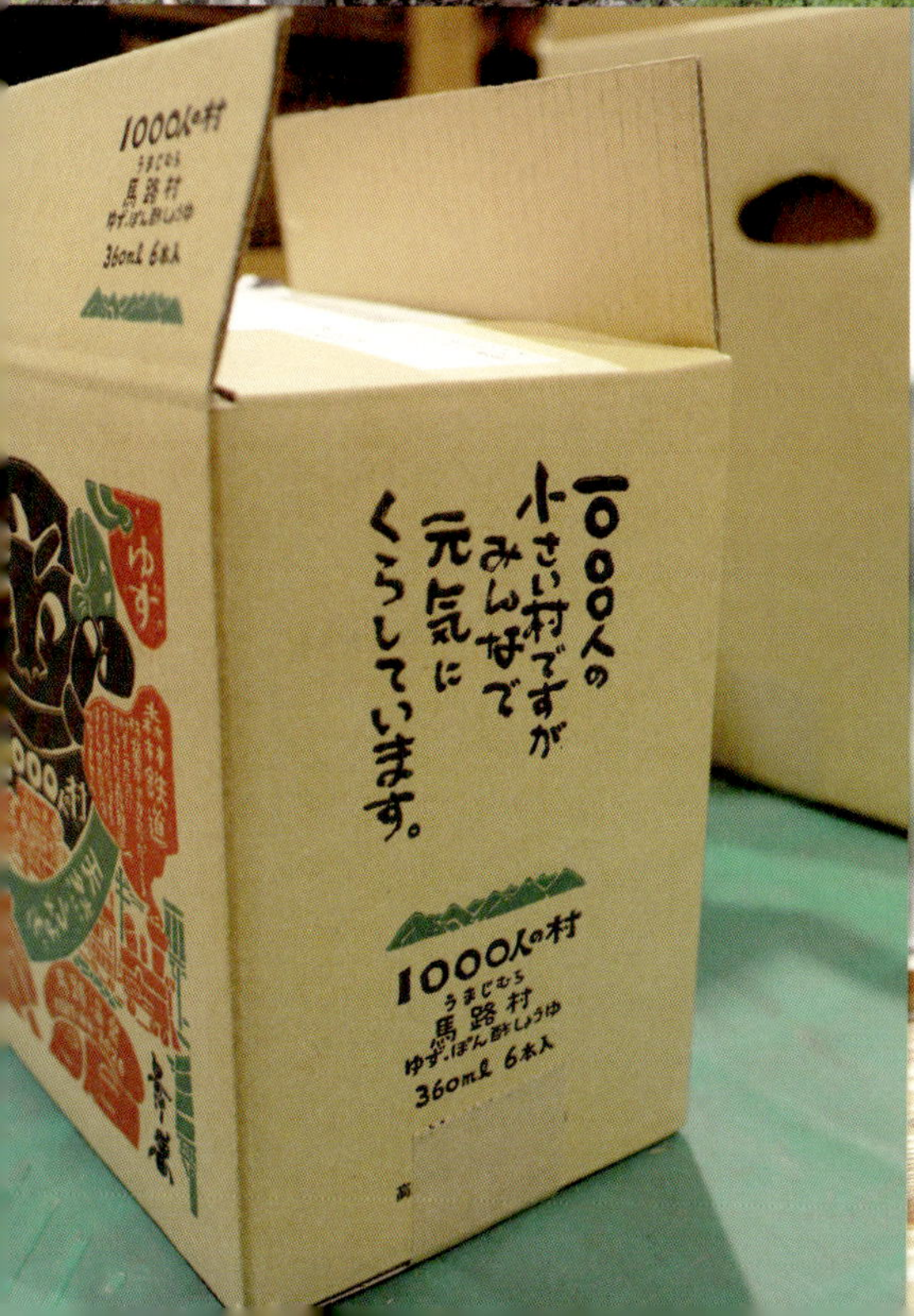
1000人の村
馬路村
360ml 6本入
1000人の
小さい村ですが
みんなで
元気に
くらしています。
1000人の村
うまじむら
馬路村
ゆず・ぽん酢しょうゆ
360ml 6本入

ゆずしぼり
100%ゆず果汁
馬路村
ぽん酢しょうゆ
ゆずの村
馬路村
ごっくん

果汁、種、すべてを生かし切る構想が、またしてもみごとに当たった。

村おこしは大成功ですね、と水を向けると、東谷さんは即座に首を振った。

「地域づくり、村づくりは永遠に続いていきゆうき」


馬路村では、酢といえば柚子の搾り汁のこと。「ゆのす」「いのす」と呼び、ふんだんに使う。なかでも欠かせないのは馬路村のソウルフード、五目寿司である。柚子農家、大野忠康さんのお宅で、その馬路の味をごちそうになった。

椎茸、ごぼう、にんじん、油揚げ、おじゃこ、金時豆、しょうが、錦糸卵……五目寿司をひとくち食べると、口のなかに満艦飾の味わいが花開く。ただし、ほかの土地の五目寿司と一線を画するのは、柚子の風味と香り。柑橘の風味が、えもいわれぬ味の奥行きを醸している。柚子が、五目寿司のおいしさの要になっているのだ。妻の澄《すみ》さんが言う。

「馬路村では、一升の米に酢一合と決まっております。酢の配合が家庭によってみな違う。今日のは一合のうち柚子が七か八、ちょっと多いです。ふだんは六くらい。いのすと米酢と合わせます」

使うときも、こまやかな工夫を凝らす。しばらく寝かせたもの、搾りたての新しいもの、塩が入ったもの、入っていないもの、自在に「ゆのす」を使い分けるのが村でのやりかた。

「塩が入った古いのは、お寿司なんかに使うと味が出てくる」

寝かせた味は、酸味の角がとれて丸くなり、塩味と混じり合ってまろやかなこくがでる。ほのかな苦みも、寿司飯のおいしさを引き立ててあとを引く。柚子の魅力は、酸味と香りだけではない。独特の苦みがまったりとしたうまみに転じ、米や具材の持ち味を生かす。この芸当はほかの柑橘類では真似できない。その魅力を享受してきた馬路村の人々の味覚が、五目寿司の味わいのなかに見つかる。

ほかにも鯖寿司、鰺寿司、太刀魚の姿寿司、こんにゃく寿司、筍寿司、稲荷寿司、海苔巻……高知には柚子を使う寿司がびっくりするほどたくさんある。柚子あればこその、南国土佐の寿司なのだ。

馬路村に生まれ育った夫の忠康さんが言う。

「身体が柚子を欲しがっちゅう」

疲れたときも元気なときも、村のみんなが柚子に助けられてきた。柚子は村のエネルギーそのもの。からりと晴れた青空の下、燦然と輝く素朴な黄色のまんまるが日本の未来を指差す起爆剤に見えてきた。

馬路村農業協同組合

〒781-6201　高知県安芸郡馬路村3888-4

Tel 0120-559-659

ホームページ　http://www.yuzu.or.jp/

馬路村産直ショッピング

ぽん酢しょうゆ　ゆずの村360ml　450円　500ml　580円

ゆずしぼり200ml　700円　500ml　1420円

ごっくん馬路村180ml　130円

お山の黄ゆず(5～6個)　950円(11月頃～)

ほか種類、サイズ、セットなど多数。HPか電話で確認を。

和歌山県

龍神村「龍神自然食品センター」

梅干し

日本でただひとつの梅干しである。

無農薬、有機栽培、無添加。

これを実現している梅干しは日本中どこにも見つからない。つまり、梅干しを無農薬、有機栽培、無添加でつくるのはそれほど困難だ。

私が「龍神自然食品センター」の梅干しを知ったのは二十年以上前になる。昔ながらの「普通の梅干し」をさんざん探し回ったあげく、「これだ」。梅、紫蘇《しそ》、塩、それ以外の余計なものを感じさせない自然なおいしさ。身体にじわっと浸みこんでくる天然の酸っぱさにも説得力があった。考えるよりさきに自分の身体が「これだ」と起き上がったときの感覚は、いまだに色褪せない。

和歌山県田辺市、高野山と熊野古道にはさまれた龍神村。標高が高く、寒暖の差が大きくて雨量も多い。うってつけの梅の産地である山間の村に「龍神自然食品センター」はある。ここは昭和五十二

(左頁)龍神梅は無農薬、手摘み。完熟前の収穫シーズン、作業は朝6時に始まる。気温と湿度が上昇する中の作業はきわめて過酷だ。

年、龍神村で代々林業を営んできた寒川殖夫《そうがわしげお》・賀代《かよ》夫妻の食への信念から生まれた。重い結核を患った経験を持つ賀代さんは、夫の病気克服のため自然農法と自然食による療法を模索するなかで、味噌や醬油にいたるまで手作りの食品に挑み始めた。梅干しもそのうちのひとつで、最初は自家用としてつくっていたが、そのうち周囲に「龍神村にすごい梅干しがある」と評判が立つようになった。

梅干しは、日本人の知恵の結晶である。「三毒《さんどく》（食物の毒、水の毒、血液の毒）を断つ」と言い習わされ、毒消しの妙薬としても役立てられてきた。しかし、世間で一般的な梅干しづくりの現実を知ると、それが「三毒を絶つ」妙薬にふさわしいものかどうか、きわめて疑わしいと思えてくる。たとえば、減塩梅干しをつくる際に行われている塩抜きや脱色。あるいは、加工の段階で調味液に漬け込むのはすっかり業界の常識になっているけれど、梅干しという製品になるまでに、梅そのものは多くの添加物にさらされている。そんな現状に疑問をもつ人々が注目し始め、賀代さんがつくる梅干し（以下、龍神梅）の存在は全国に知られていった。いま振り返れば、私がひとづてに龍神梅の名前を聞いたのも、ちょうどそのころだったと思う。

八十一歳の賀代さんが、当時を述懐する。

「龍神村の活性化につながるから、と行事があるたび、村が住民に梅の木を進呈して植え始めたのがきっかけでした。最初は苦労もたくさんあったけれど、あちこちから『健康のためになるおいしい梅干しをありがとう』という声が聞こえてきて、主人が『賀代はええことしてるなあ』。率先して協力してくれるようになりました。金儲けや商売とか、そういう考えは一切なかった。ただ人のためになっている喜びだけ。はい、最初から無農薬です。農薬を使うなんて考えられない。梅干しをつくるのは、自分の命と引き換えやと思っていました」

試行錯誤のすえ、賀代さんが行き着いたのは完熟する前の青い実をひとつぶずつ手で採り、塩漬けする昔ながらの方法だ。一般的には、完熟して落下した実を使うのが梅干しづくりの〝常識〟。しかし、青採りした実を一〜二晩水に浸けてあく抜きをすると、果肉が柔らかな黄みを帯びる。手摘み、あく抜き、ふたつの工程を増やすことから、龍神梅のおいしさはスタートしている。かつては減塩に挑戦し、塩分一〇％を試みたら半分以上を腐らせてしまった年もあったけれど（現在は一二％）、このときの失敗を生かし、漬け込む容器を土中に半分埋め込んで温度を一定に保つ改良策を生んだ（現在はタンクで温度管理できる）。研究熱心というより、「身体にいい梅干し」は「よりよく生きること」、寒川夫妻は、自分たちの人生と引き換えにして梅干しづくりに取り組んできたが、とくに説明しなくても、梅干しの味を通じて龍神村での仕事ぶりが伝わっているのだから、これはすごいことだ。

現在、龍神梅の製造を一手に担うのは長男の寒川善夫さん（五十四歳）。現役を退いた両親から引き継ぎ、社長を務める善夫さんが言う。

「無農薬、有機栽培、無添加の梅干し作りはうちのスピリッツです」

善夫さんは、二十〜三十代は農業と車のディーラーの仕事を両立させてきたが、三十代後半から梅干しづくりに専心しなければ、と決意した。両親がみずから励む梅干しによって自分たちの健康を取り戻してゆく姿を、息子としてずっと見てきたのも善夫さんだったから、社長みずから梅干しづくりの先頭に立つのは当たり前と考えてのこと。新世代の挑戦のひとつが無農薬の紫蘇づくりだ。梅だけではなく、梅を漬けるときに使う紫蘇にいたるまで無農薬で育てようというのだ。とはいえ、紫蘇の育てにくさは半端ではない。紫蘇は連作や乾燥に弱く、油断すると、すぐ虫に食われてしまう。

「ほんま、心が折れるときがあります。ゴールデンウィーク前にやれやれ無事に育った、と気を抜いたら、ひと晩で虫に食われて全滅したこともあります。ええ、食われるのはもう一瞬です。ただ、実生（野生）の紫蘇を観察していると、秋に種が落ちて冬を生き延び、勝手に生えてきたものは異常に

強い。風雪に耐えながら、耕さない畑でじっと耐えて発芽のタイミングを自分で調整しているんですねえ。自然農法のなかに答えがあると思っていろいろ試しているのですが、いやぁなかなか」

畑をこまかく観察し、その状況によって策を練る仕事ぶりは、自然を相手にした格闘技を思わせる。紫蘇はひと株ごとに苗床を作り、総面積六十アールの畑に植え直すのだが、すべてを手作業で完遂する手間と労力は大変なものだ。

「毎年の龍神梅の生産量は百五十トンが限界やなと思ってます。よりよいものをつくるには、安易に手を広げられませんが、それは相応の分量の紫蘇が栽培できないからでもあるんですよ」

それでもやっぱり無農薬、自家栽培の紫蘇を意地でも死守したい。龍神梅の色が比較的薄いのは、自家栽培している紫蘇が稀少だからふんだんに使いにくいんですよ、と率直な実情を聞き、なるほどなあ、と納得した。

(左頁上)5トンタンクがならぶ仕込み場。塩分濃度12%は塩の重量で厳密に管理される。(下)紫蘇は連作障害がおきやすく、無農薬有機栽培がことに難しい。畑を移したり、雑草を取らない自然農法に取り組んだり、毎年新たな試みに挑戦している。(右頁)紫蘇のあく抜きの作業。いっさい添加物のない龍神梅の赤梅酢もまた、常温で保存できる。

八月半ば、収穫の盛りを迎えた紫蘇畑に足を運んだ。真夏の強い光を浴びる濃い紫。畝には雑草が伸び放題。たくましい雑草と競い合いながら苗床から育ち上がった紫蘇は、一枚一枚ぴんと葉を張って手を広げ、野生児そのものだ。一枚ずつ手摘みした葉は、まず網かごに入れてがらがらと手で廻し、虫やごみを除いたのちしっかり水洗いし、足で踏む。やわらかくなるまで踏み込んだ紫蘇を手で搾り、あくを抜く……。こうして入念にあく抜きを終えた紫蘇を白梅酢（塩漬けした実から出た液）に入れて酢がしみ込むようもんでいくと、できあがるのは美しいルビー色の赤梅酢。干しあがった梅と赤梅酢を合わせ、いよいよ漬け込みの段階に進む。

手摘み、選果、洗浄、自分たちで全部最初からやる。梅の収穫シーズンは連日朝六時から木に登る。

「大変ですけど、うちの梅干しを三つ四つと冷たいお茶があれば、疲れはすぐとれる」

ほんま梅干しはすごい力です、と善夫さん。青採りする理由を問うと、梅は完熟するとクエン酸の含有量が半減するから。一般に売られている梅干しの塩分が濃くなるのは、クエン酸の減少を補うためだという。昔ながらの製法には、ちゃんと理由があるのだ。加工の過程でも化学処理をしないから、龍神梅は常温保存で何年ももつ。技術や理屈でねじ伏せるのではなく、素材の持つ力を信じて尊重し、十全に引き出す独自の製造法。軸足はつねに素材そのものにあり、結果的にマクロビオティックの考え方と合致した。

「もともと親父もおふくろも、マクロビオティックを意識してつくっていたわけじゃない。龍神梅は海外からも求められて輸出の需要が増えていますが、僕らはマクロビオティックであろうがなかろうが、そこにはあまりこだわりはないんです」

じつは、龍神梅の売り上げが伸び悩み、岐路に立たされた時期がある。そののち、時代の変化への遅れを取り戻したのは、「〝いいもの〟をつくっているだけでは、取り残される」という善夫さんの危機意識だった。

「大切なことは、ふたつあると思うんです。ひとつは、いつまでも変わらない不変の意識。もうひとつは時代の流れを理解する対応力。このふたつを両立させなければ生き残るのはむずかしい」

ただ昔ながらの製法を守っているのでは、立ちゆかない時代に入ったという実感がある。いまは積極的に「安心」「安全」を売る時代。時流を的確に読み取り、後世に龍神梅を手渡す重要性を実感した善夫さんは、みずから衛生管理のクオリティを上げ、フランスのエコサート（国際有機認定機関）、日本の有機ＪＡＳの認証などを取得してきた。ここ十数年のあいだに時代の要請に応えることも重要と考え、国内外に龍神梅の名前を浸透させる努力を続けてきた。

よき後継者を得た龍神梅は、つくづく幸せである。農薬を一度も撒かない梅は、実の表面に黒点があり、黒点がたくさんある梅は無農薬の証明と考えて出荷している。ハネた梅もペーストや調味料などの商品開発に生かすことによって販路を新たに拡大、経営の安定化につなげていった。青梅と甜菜《てんさい》糖《とう》だけでつくるすっきりとした味わいの梅ジュースのほか、梅酒、梅ジャム、梅肉エキスなど、梅干しと肩を並べる定番商品も数多い。また、梅干しペーストに本醸造醤油と生姜をくわえてつくる梅醤《うめしょう》は、番茶を注げばマクロビオティックでも格好の飲み物になる。近ごろ大ヒットしたのは「鉄火味噌」。八丁味噌にごぼう、れんこん、人参、生姜などを加えてごま油で炒め、さらさらのふりかけ状にしたもので、一度味わうとくせになるおいしさだ。

これらの誕生に大きく関わっているのが、商品開発に携わる菅根清美さん。梅干しの種を活用して黒焼きをつくるなど、梅干しが持つ無限の可能性に注目している。

「身体にいいだけではなく、おいしくて身体にいいものを」

龍神梅に向き合うことによって、菅根さんの考え方も育まれていったのだろう。

真によいもの、あるいは邪心のないものはおのずとひとを引き寄せる。現在、梅干しづくりのすべてに関わっているのが西野有輝さんと朝間雄太さん、ふたりの若者だ。彼らは、ことに神経がぴりぴりするのは紫蘇の発芽の時期だと話す。発芽が遅れれば苗の植え替えがずれこみ、もっとも多忙な梅の実の収穫時期に重なってしまう。ぶじに発芽したら、今度は雨が気になる……気が休まるひまがない。紫蘇の育ち具合、梅の収穫ペース、塩分量、天候を見ながらの天日干し、梅酢の管理など、善夫さんとのチームワークをはかりながら、若者の情熱が龍神梅を支えている。

「現在の製法を一切変えるつもりはないですね。完成されている製法だと思います。でも、仕事の流れがより速く、確実になるやり方はどんどん採り入れていきたい」（朝間さん）

「僕はここの仕事を知って、衝撃を受けたんです。ひと粒食べて、あっこれは全然違う、と。無農薬栽培や漬ける製法がこの味を生み出すと考えたら、手間がかかったとしても変えるべきではないです。龍神梅は、その意味でも貴重な存在だと思います」（西野さん）

じつは、西野さんの実家は名産地みなべ町の梅干し農家である。実家のつくり方と比較すると、龍神梅の考え方や仕事の内容があまりにも違うことに仰天したという。「龍神梅のすばらしさをもっと多くのひとに知ってもらいたい」と声を揃えるふたりの話を聞きながら感じるのは、「守り」と「攻め」は同一なのだということ。これまで勘と経験によってなされてきた先代の仕事を「理想」と敬い、財産として守る。と同時に、正確なデータに変換しながら、仕事の先鋭化をはかる。食べ物のみならず、日本の伝統を次代に受け継ぐうえで、「龍神自然食品センター」はきわめて優れたモデルだ。

龍神自然食品センター

和歌山県田辺市龍神村西230
Tel 0739-78-2060
http://ryujinume.com/

梅干し

200g　864円
500g角樽　2160円
1kg丸樽　3780円
すべて税込。ほかに梅肉エキス、梅のしろっぷ、梅醤などがある。

しっかりとした果肉と酸味が龍神梅の特徴。うっすら斑点が残るのは、農薬も化学肥料も一切使用せず、加工の際にも化学処理をしないから。常温保存で何年ももつ。現在、パッケージは変わっている。（左上）寒川賀代さん殖夫さんご夫妻と、善夫さん。

奈良県

春日大社「森奈良漬店」

奈良漬

吐く息が白く、鋭い冷気を浴びた耳たぶは赤い。東大寺のお水取りを間近にして、二月の奈良はいっそう冷えこみがきつくなるが、この時期を今か今かと手ぐすね引いて待っていた人々がいる。

ほの暗い蔵のなかにぎっしりそびえ立つ高さ二メートルの大樽。なにかが蠢《うごめ》く気配を感じて見上げると、そのうちのひとつの大樽の縁から人の頭が三つ、見え隠れしながら上下に動いている！

長い梯子を架けてもらって昇り、おそるおそる覗きこむと、えっさ、えっさ、三人が後ろ手を組んで小刻みに足を動かしている。酒粕を足で踏んでいるのだ。と、直径二メートルの表面から強烈な酒粕の匂いと揮発した炭酸ガスが襲いかかってきた。覗いているだけで、くらっとする。

「この樽には、二月に入ってすでに二トンの新粕を八層踏みこみました。今日は同じ酒蔵の新粕二百四十キロをばらして加え、九層めの踏みこみです。これが満杯になるまで十八層。何度も踏んで層にするのは、酒粕からきっちり空気を抜くため。さもないと熟成せず、まだらな色になってしまう。

奈良漬をつくるうえで重要な作業です」

「森奈良漬店」四代めの森茂さんが教えてくださる。じつは、この昔ながらの踏みこみを課して奈良漬をつくる製造元は、日本全国で数軒のみ。そもそも酒粕を使わず、調味液にどぼんと漬けて味や色をつけ、最後にちょんと酒粕を塗りつける「インスタント」奈良漬が巷にあふれている。

「昭和三十年代は杉の大樽だったんですが、修理のできる職人がいなくなってしまって。ちょうどその頃、現在の琺瑯《ほうろう》製に変わりました」

道具は変わっても、ひとの足と手だけで愚直につくる伝統の製法を変えず、今日までできた。真冬の寒さがきびしいとき、じっくり踏み重ねた酒粕は春を越え、夏を迎え、土用がやって来るまで寝かせて長い熟成の旅に送り出す。

東大寺南大門前の参道、昔ながらの店構えを守る間口の広い古い一軒がある。それが創業明治二年「森奈良漬店」。昭和十七年、もともと東大寺の境内にあった店を現在の場所に移築してからずっと、看板も木造のつくりもそのまま。神社仏閣との縁も深く、東大寺はもちろん、興福寺、春日大社、法華寺、法隆寺、長谷寺、法輪寺……寺社でのお遣いものの定番として、古くからの馴染みである。

奈良漬の最古の記録は、奈良市二条大路のデパート建設現場で昭和六十三年に発掘された約千三百年前の長屋王邸跡の出土品だ。木簡に記されている文字には「進物加須津毛瓜」（たてまつりものかすづけものうり）。『延喜式』には「粕漬瓜九斗」などの記述が見られる。奈良漬を最初に商品として売り出したのは慶長年間、奈良・中筋町の医者・糸屋宗仙。そして、明治に入ってほどなく、東大寺境内に開業したのが「森奈良漬店」だ。

代々座右の銘にしてきた創業者、森タツの言葉がある。

「声なくして人を呼ぶ」

宣伝してはならない。ほんとうにいいものはお客さまが口伝えに広めてくださるから。よそ見をせず、自分の仕事に専心しなさい――だから、これまでも、今も、「森奈良漬店」では一切の宣伝をしたことがない。支店も持たない。いっぽう、顧客は全国に広がっており、注文は年中引きも切らず。

蔵には三・五トン〜三・六トンの大樽が常時十数本、熟成を重ねながら出番を待っている。

「森奈良漬店」の奈良漬の底力は、ただものではない。ポリポリ、ポリポリ。軽快な音といっしょに噛めば噛むほどぐーっとうまみが湧き出てきて、忘れられなくなる。酒精がきいた辛みはきりりとして、これもまたよそでは出合えない。材料は酒粕と塩だけ。甘味料、砂糖、添加物もなし。つまり、素材の持ち味を練達の勘と技によって練り上げたおいしさ。

職人さんたちを率いて、オーケストラの指揮者のように味を差配するのが森さんである。

「奈良漬は、出来上がるまでが長い。一年半から三年のスパンがあるんです。ですから、三年後のために今、素材を確保しなければなりません。そのうえ漬け替えの工程がとても複雑で、塩漬けしたあと、このくらい塩がのっているから数ヶ月後に使う酒粕はこのくらい……常につぎのステップを予測しながら進まなあかんのです」

すべて自分の五官を磨きながら覚えこみました、と森さん。大学卒業後、三年間の会社勤めを経験してから実家の仕事に携わり、塩袋を積み替えたりデッキブラシで床を磨いたり、父や職人さんたちのもとで丁稚奉公からスタートした。

「初めて酒粕の調合や漬けこみまで任されて仕上げたのが三十歳のときです。親父は『うちの息子がうまく漬けまして』と手放しで喜んで、周囲に配って歩いた。そのときです、うちには変えていいもんと、いけないもんがあるとわかりました」

けれども、自然環境の変化は酒粕にも影響を及ぼしている。

（上）東大寺南大門前の参道で、唯一昔のたたずまいを残す店構えと明治2年から掲げる看板。訪れる客が休日も引きも切らない。（下）右から、小ぶりのすいか、大和三尺、堂々たる白瓜、金時にんじん、しょうが。1年半から3年、手間ひまをかけて熟成し、なおみずみずしく色鮮やか。

元祖
御奈良漬

1―55

「米が変化したのか、酒造りが変わったのか、昔は新粕には若くてイライラッとした香りがありましたが、最近は鼻につーんとこない。漬けこんだ後も、この時期にこの味にならないといかんのになんでや、と」

しかし、守ることだけに固執していると置いてけぼりを食う。変化を察知し、自分の味を維持するために、変えるべきところは柔軟に変える。つくる商品は違っても、老舗ほど変化には敏感である。

土用までたっぷり寝かせた酒粕は、スコップで掘り出し、数種類を混ぜる粕練りの工程へ進む。配合や練り具合は、漬ける素材や時期によって自在に変えるのだが、これも味の秘密のひとつだ。一本の奈良漬が仕上がるまでには、びっくりするほど綿密な手間がかけられている。一般になじみ深い瓜なら、こんなふう。

①収穫した瓜（白瓜）のへたを切って半割にし、種を除いてから二度、塩漬する
②酒粕に漬けて下漬
③酒粕を替えて、中漬
④新しい酒粕で上漬
⑤最終的な漬かり具合をみて調整し、仕上げの本漬

下漬には中漬の酒粕を使い、中漬には上漬で使った酒粕をおろして使うなど、行程に即して素材も変える。

「脱塩させながら、同時に酒粕の風味を乗せていく。これが奈良漬づくりの要諦なんですが、塩梅がむずかしい。何年経っても緊張します。慣れるということがありません」

「森奈良漬店」では、酒粕を塗りつけるとき、すべてを素手で行う。じかに手で塗ることで素材の塩

（上）大樽に投入した240kgの酒粕を手で細かくバラし、小刻みに踏みこんでいく。新酒が出来る1月末から2月にかけて繰り返される。（下）土用すぎまで寝かせた酒粕で、下漬、中漬、上漬と漬け替える。

漬の具合がわかり、硬さ柔らかさをじかに判断するためだ。酒粕の踏みこみから粕漬けまですべての段階でひとの足や手、目や耳、鼻の五官をフルに働かせて初めて生まれる味わいがある。長年食べ続けている顧客はその年その年の微妙な味の違いに敏感に反応するから、気が抜けない。

ところで、奈良漬の種類は意外に多い。創業当時から続くのは瓜のほか、きゅうり、すいか、なすび、セロリ、だいこん、ハヤトウリ、金時にんじん、小生姜。森さんは地産地消に目を向け、奈良の伝統野菜「大和三尺」を自宅の裏の畑で蘇らせようと、足掛け八年、ついに伝統の奈良漬の復活に成功した。「大和三尺」は長さ一メートルにも及ぶ（種を採るとき。奈良漬用に使うのは四十〜五十センチ）長細いきゅうりだからまっすぐ育てるのがむずかしく、箱詰めもしにくいとあって、戦後だんだん廃れていった商品だ。しかし、父から「昔は『大和三尺』を漬けていた」と聞いた森さん、持ち前の負けん気と意地が頭をもたげ、種を探して自分で育てはじめた。土壌の設計から塩漬の際の

野菜の漬かり具合を手肌でたしかめながら、冷たい酒粕をぬぐい、新しい酒粕に漬けかえる。腰を曲げたままのきびしい手仕事が、ひとつの漬物で4回から5回、繰り返される。（中、下）1年半熟成された本漬。

重石まで試行錯誤を重ね、満足のいく奈良漬が仕上がったら七年が過ぎていた。商品として売り出したのは二〇〇六年六月。

にょろりと長い「大和三尺」を切って口に運ぶと、こりこりっ。きゅうと身が締まって格別の軽快な歯ごたえ。ただ、心残りは「大和三尺」の完成を待たずに父が亡くなったこと。

「試作品を食べて『そやそや、この感触や』と喜んでくれたのが支えでした。親父は新しもの好きで、プッシュホンが出たらダイヤル電話と替える、新しいレジが出れば買う。私もその血を継いでいて、パソコンは二十五年前からいち早く導入しています（笑）」

コンピュータの画面を見せてもらうと、在庫状況は一目瞭然。毎日の作業は現場からすみやかに数字が送られてくるから、いつ仕入れた瓜か、下漬から上漬までどう進んでいったか、漬け替えに使った酒粕はどう調合したか、克明に記録されている。さらには、顧客管理もすべてコンピュータで行っている。数字を数字として見るだけではだめ、「数値」として見てこそ数字が生きものになる。これが森さんの哲学だ。味は、ひとがつくる。経営と管理は、最新技術を駆使する——東大寺南大門参道で、伝統と革新はけっして対立項ではないと教わった。

結婚以来、ずっと店に立ち続けてきた妻の範子さんが言う。

「ウェブサイトでの注文も年々増えていますが、うちのお客さんは『やっぱりここに来て買いたい』と言ってくださる方が多くて、ほんとうにありがたいことです」

なにかと経営難が取り沙汰されるご時勢、お歳暮やお中元など贈答品の削減は奈良漬の売り上げにも影響を及ぼしている。だからこそ、全国の顧客に支えられている実感は強い。森さんが口を添える。

「祖父の代のとき、戦争中で酒粕も塩も配給制になったときがあったんです。つくりたくてもつくれなくなったとき、弱気になった祖父を祖母や親戚連中が『細々とでいいからやっていこうやないか』

と励ました。今もまた、間口を広げるのではなく、いかに狭めるかというのもひとつの方法。どう維持して、よいものをどれだけ認めていただけるのかというところやと思うんです」

先代の父母はずっと店の階上に住んできた。お客さんの応対をする母のファンも多かった。その背中を見て働いてきた範子さんには、忘れられない言葉がある。

「亡くなるとき、義母が最期に『この店で働くことができて幸せだった』と。胸に響きました」

私らが今日あるのも東大寺のおかげ、という一念に支えられ、一九九九年から年中無休。二〇〇九年には百四十年の歴史で一度だけ、大晦日に朝四時まで店を開けた。「ああ、この味」と慕ってくださるお客さんの笑顔に励まされる毎日だ。

「森奈良漬店」には、老舗の名前に寄りかかる気配がまるでない。気候の変化や時勢をかんがえれば、年々気は引き締まるばかり。奈良漬もできるだけたくましい味をつくりたい。

「必要以上に温度管理をせず、暑さ寒さに耐える『強い奈良漬』をつくりたいと思うてます」

媚びない味は、声なくして人を呼ぶ。

森奈良漬店

奈良県奈良市春日野町23
Tel 0742-26-2063(受付9:00-17:00)
Fax 0742-27-3148
営業　9:00-18:00　年中無休
http://www.naraduke.co.jp/

奈良漬

瓜袋詰め(1本)		1080円
詰合せ(進物用)355g		1730円
Aセット	木箱515g	3300円
Bセット	木箱760g	4400円

すべて税込。素材の種類、組み合わせ各種。
HPかお電話でお確かめ下さい。

滋賀県

琵琶湖西
「喜多品老舗」

喜多品老舗の「鮒寿し」は、千日の熟成を経て漬けこんだご飯もまろやかな逸品。写真は小1尾。鮮やかな盛りつけは17代目の考案によるもの。

鮒ずし

淡い霧におおわれた湖を縮緬《ちりめん》のような小波が揺らしている。かたわらに、背の高い葦の群れ。

近江の国は古来から「湖国」と呼び慣わされてきた。比良山から伏流水が流れこむ琵琶湖の水深は最大百メートル以上、面積は滋賀県の六分の一。日本最大の面積と貯水量を誇る京阪神の水がめであり、多彩な郷土食を生み出す源流でもある。琵琶湖八珍と呼ばれるビワマス、ニゴロブナ、ホンモロコ、イサザ、ゴリ、コアユ、スジエビ、ハスほか、ヒガイ、ウグイ、シジミ……独自の生態系が形成されている。

文化遺産ともいうべき湖国の味。それが鮒ずしだ。日本のすしの原型は、魚の保存食としてつくられた熟《な》れずしであり、そのひとつが琵琶湖のニゴロブナでこしらえる鮒ずしとされる。

鮒ずしづくりに使われる素材は三つ、ニゴロブナ、塩、米。ちいさなひと切れに潜んでいる世界には、人智を超えた味わいを感じる。扉を開けても、またつぎの扉。奥へ、奥へと招き入れられるような複雑な酸味と香り。似たものは、と訊かれても答えにくいが、あえて例えればブルーチーズだろうか。しかし、鮒ずしを味わうときに感じる神聖な領域に足を踏み入れているような感覚は、やはりほかにはない。近江では、鮒ずしは神事、直会、正月、祭りなど行事食に欠かせない食べものだが、と同時に、ふだんの日常食でもある。そのまま切って酒肴、味噌汁、雑炊。あるいは、元気のないときの滋養食、おなかを壊したときの整腸剤がわりにも。滋賀育ちの知人は、「おとなになったらもっぱら酒の肴だけれど、子どもの頃は母がお茶漬けにしてくれるのが楽しみだった」。

ひとくちに鮒ずしといってもさまざまな味わいがあり、琵琶湖周辺では、昭和四十年代ごろまで家庭でも保存食として広くつくられていたが、近隣の環境や嗜好の変化とともに存続が危ぶまれるようになった。そのなかにあって、今日まで十八代にわたって鮒ずしづくりを伝承してきたのが琵琶湖湖西、高島の「喜《き》多《た》品《しな》老《ろう》舗《ほ》」である。屋号は十五代目の弟、北村品次郎が定めた。

「うちでは鮒ずしづくりを『百匁《もんめ》百貫《かん》千日』と言い表します。親から受け継いだ言葉です」

十七代目をつとめた北村眞一さんが教えてくださった。百匁百貫千日。一尾百匁（三百七十五g）のニゴロブナを百貫（三百七十五kg）、桶で寝かせ、千日かけて仕上げる。気の遠くなるような家業である。

JR湖西線・近江高島駅から歩いて七分ほど、あたりには江戸期から続く古い商家が軒を並べ、細い水路が縦走している。

「うちの前にも流れています。以前は、船の生け簀から仕入れたぴんぴん跳ねる鮒をここで洗って、一家総出でうろこ取りをしたものです。鮮度がいのち、不眠不休でさばく日が二ヶ月つづきました」

妻のひろ子さんが嫁いできたのは昭和四十三年。おなじ滋賀の出身で、幼い頃から鮒ずしの味に親しんできた。

「でも、つくりかたは全然知らんかった。わかってたら、絶対お嫁に来いひんね（笑）」

北村家のひとりとして、無我夢中で鮒ずしに取り組んで四十年余が過ぎた。「喜多品」の鮒ずしはひと目でわかる、と評される。漬かり上がってきゅっと締まった身に包丁を入れると、鮮やかな色彩の卵がみっしり、あっと目を見開く鮮烈な切り口だ。鼻をくすぐる上品な乳酸香、キレのいいうまみ。食べず嫌いのひとでも「こんな洗練された鮒ずしがあったのか」と驚嘆する。

けれどもこの数年、眞一さんとひろ子さんは、押し寄せる不安を道連れにつくりつづけてきた。

「ニゴロブナは年々漁獲量が減り続けてきましたが、十年近く前からほとんど揚がらなくなってきたんです。ほんとうに苦しくて、来年も獲れなかったら、もう辞めようか言うてました」

ところがその翌年、急激に漁獲量が増えた。滋賀県が異常繁殖したブラックバスなど外来魚の駆除に取り組んできた成果である。とはいえ、その後も漁獲量は不安定なままだ。原因はほかにもある。琵琶湖の自然環境が激変し、そのうえ水質浄化のためにコンクリートで護岸されたため、淡水魚が生育しづらい。水位は人工的に調整されるようになり、産卵場所である葦も育たなくなった。昭和四十年、ゆうに年間千トンを超したニゴロブナの漁獲量は、現在では十分の一以下に減っている。

ひろ子さんが肩を落として言った。

「伝統を守るというのは、店を続けるだけと違ごてますから……」

昔は「ガンゾ」と呼んだちいさなものが、いまでは当たり前になった。中国産やゲンゴロウブナで代用するところもあるが、ふたりは頑として春の産卵期を迎えた琵琶湖産しか使わない。うそがつけないし、まず自分たちをごまかせない。

「琵琶湖の北西にある高島は水がきれいで冷たいんです。だから鮒も身がよく締まっていて、間違いなくおいしいんですわ。それを手が覚えこんでいるので、ほかのものが使えません」

塩漬けの鮒を真水で洗う「ケダシ」作業。
17代目はささらで身を磨く。 ひろ子さんは水の中ですすぎ洗う。 仕事のやり方はお互い譲らない。

ひろ子さんは、湖西の鮒は手で触っただけでわかる、と断言する。

家族だけで守る「百匁百貫千日」の行程は、大きく三つに分かれる。

一　春に仕入れをして下処理する
二　塩漬けして二年寝かせる
三　干してからご飯に一年間以上漬けこんだのち、新しいご飯に漬けなおす

千日の道のりは、まず生きたままの鮒を仕入れ、雌だけ選別することから始まる。硬いエラを的確にはずすのも、卵を傷つけないよう浮き袋や内臓をすばやく抜き取るのも、すべて手仕事だ。なにしろ手間のかかるこまかい仕事だから、漁師や魚屋に委ねる店もあると聞いたのですが、とひろ子さんに訊くと、「ああそうらしいですねえ、でも肝心な最初の仕事を譲ってしもうたら味も落ちますわ」。

北村家では、地下水を惜しげなく使って洗い清め、血抜きする。

塩もふんだんに使う。腹の奥まで指で塩をきっちり詰めこんでぱんぱんにし、代々使いこんできた杉の百貫桶のなかに重ねていく。上までぎっしり重ねたら塩を撒き、覆いをし、太く編んだ「三《み》ツ縄《なわ》」と呼ぶ縄をパッキンのように巻いて空気を遮断、きっちり蓋を閉める。重石をのせて寝かせ、最低二年から三年の長旅に送り出す。

高島を訪れたこの日、二年寝かせた塩漬けの桶をいよいよ開く当日だった。

仕込み蔵のなかに足を踏み入れると、ぷうんと魚が発酵する匂いが充ちている。十八代目を継いだ長女真里子さんの夫、篤史さんが太い腕で三十キロにも及ぶ重石を抱えこみ、ひとつずつ注意深く降ろしてゆく。ついで木蓋を開け、三ツ縄を取ると……。

鈍い銀色の光を放つニゴロブナが、一分のすき間もなくぎっしり。二年の歳月を重ねてなお、いま

比良山の雪融け水に育まれたニゴロブナと若狭から運ばれた塩、近江米。これに何工程もの手仕事と乳酸菌が加わって、日本のすしの原型が生まれた。

鮒ずしをご飯にのせ、塩昆布の細切り、とろろ昆布などを添えて熱い湯を注ぐと一転まろやかな味わい。鮒ずしのお茶漬けは土地の食べ方でもある。根強い人気にこたえ「鮒寿し茶漬け」もつくる。

新潮社 新刊案内

2017 9 月刊

ホワイトラビット
伊坂幸太郎

仙台で人質立てこもり事件が発生。SITが交渉を始めるが——。伊坂作品初心者から上級者まで、没頭度MAX！　書き下ろしミステリー。

9月22日発売
●1400円

459607-2

アナログ
ビートたけし

なあ、誰かを大切にするってこういうことだろ？　ビートたけしが行きついた「究極の愛」。暴力的なまでに純粋な初の書下ろし恋愛小説。

9月22日発売
●1200円

381222-7

守教　上下
帚木蓬生

開国まで隠れ続けたキリシタンの村。信じている、とつぶやくことさえできなかった人間たちの魂の叫びがここに甦る。慟哭の歴史巨編！

9月29日発売
●各1600円

331423-3,24-0

2017年9月新刊

失敗なしでおいしさUP！
超簡単「ちょい足し酵母」のパン作り
吉永麻衣子

驚くほど簡単な手作り酵母を加えるだけで、どんなパンも本格的な味わいに。パン作りがはじめてでも失敗なしのレシピを紹介！

9月29日発売
●1500円

339413-6

日本のすごい味
おいしさは進化する
平松洋子

極上の味わいは人と風土が織りなすもの。アスパラガス、栃尾の油揚げ、鴨鍋、江戸前の鮨……北海道から東京まで厳選の15品を探訪。

9月29日発売
●1800円

306473-2

新潮文庫 9月の新刊

※表示の価格には消費税が含まれておりません。出版社コードは978-4-10です。

緊急文庫化!! 全国民必読

カエルの楽園

百田尚樹

その国は、楽園のはずだった――。平和を守るため、争う力を放棄したカエルたちの運命は。国家の意味を問い直す大人のための寓話。●520円

120192-4

愛なんて嘘

白石一文

裏切りに満ちたこの世界で、信じられるのは私だけ? 平穏な愛の〈嘘〉に気づいてしまった男女を繊細な筆致で描く会心の恋愛短編集。●630円

134074-6

天草四郎の犯罪

西村京太郎

杖一本だけで、次々と暴漢たちを撃退していく謎の男「天草四郎」。十津川警部が、現代に甦った英雄の秘密に挑む、長編ミステリー。●490円

128534-4

老老戦記

清水義範

ホームの老人たちが覚醒した。刺激を求めた彼らは……。これは悪夢か、現実か。超高齢社会日本を諷刺するハードコア老人小説。●520円

128221-3

水葬の迷宮―警視庁特捜7―

麻見和史

警官はなぜ殺されて両腕を切断されたのか。一課のエースと、変わり者の

121081-0

変見自在

サンデルよ、「正義」を教えよう

髙山正之

正義とやらは悪いヤツほど振りかざす。商売は阿漕に、金持ちは命を惜しむ。それを何とか正義で包みたい。これがサンデル理論の正体だ。●490円

134596-3

よしもと血風録―吉本興業社長・大﨑洋物語―

常松裕明

漫才ブーム、心斎橋筋2丁目劇場、新喜劇の大復活、コンテンツ制作・配信、映画祭、アジア進出……吉本興業の中心にいる男の半生。●710円

121091-9

アメリカン・ウォー 上・下

O・エル=アッカド 黒原敏行訳

全米騒然の問題作を緊急出版! 分断された国家、引き裂かれた家族の悲劇、そしてテロリズム……。必読の巨弾エンターテイメント! ●各630円

220131-2,32-9

スター・クラシックス 新訳

ねじの回転

H・ジェイムズ 小川高義訳

幽霊は誰なのか? 私は誰なのか? 現代ホラー小説の先駆となった古典ミステリーを新訳! ●490円

204103-1

ヴァチカン図書館の裏蔵書

篠原美季

蔵書区域の秘密文書の中に猟奇殺人の真相が――

180105-6

にも飛び跳ねそうな生彩をまとっていることに驚かされる。

見入っていると、勢いのよい水音。眞一さん、ひろ子さん、篤史さんの三人が桶を囲んで座り、取りだした鮒を真水に浸して一尾ずつ洗う「ケダシ」作業の始まりだ。

「ケダシが十分できていないと塩辛くなるからね、ここで味の方向が決まる」

指で開いた腹のなかをのぞきこむと、二年まえに詰めた塩がぎゅっと固まっている。丹念に詰めた塩を、これから洗い流すという。桶から揚げた鮒の身は、みるみる塩を噴いてまっ白になる。それを丁寧に洗い流してゆく眞一さんの的確な手つき。そのすばやい動きに、幼いころ祖父や父の鮒ずしづくりに触れながら五感に叩きこんできた六十数年の歳月が見てとれた。

「指も、鮒ずしのためのかたちに変わりました。私の手、見てごらん」

あっと声が出た。太いひと差し指の骨は、塩をぐいっと詰めこむときに折り曲げるときのかたちそのまま、おおきくカギ型に湾曲していた。

洗い終えた鮒の両側を竹のササラでさっと払って仕上げることを、眞一さんは「磨く」と表現する。桶いっぱい、洗って磨いたニゴロブナがふたたび水に放たれて潤っている。千日の道のりの途中をかいま見て、ある感情が湧いてきた——これは、琵琶湖の恵みを水と塩で祓《はら》い清める儀式だ。ひとつひとつの手順が神事のように思われてくる。

先はまだつづく。塩漬けにした鮒を吊していったん天日に干し、いよいよ飯漬《いいづ》けへ進む。土用の時期に飯漬けをするのは、夏に向けて気温と湿気が上がるとき、乳酸菌の働きが活発になり、発酵が促されるから。気候を読むのも、鮒ずしづくりの重要な仕事である。

飯漬けの日は、前夜から仕事が始まる。ガス釜で飯を炊いて杉桶にあけ、ひと晩おいて冷ましてから塩を混ぜ、手で潰す。これをまず百貫桶の底に敷き、頭と尻尾を交互に並べながら、磨いた鮒と飯を層にして漬けてゆく。

「だいじな卵がぺったんこにならんよう、起こし気味にして並べます。最初は重石を二個くらい、一週間後にもうひとつ、だんだん増やして、しまいに五個くらいのせます」

「喜多品老舗」では、飯漬けは二度行う。一年後に最初のご飯を除き、新しいご飯に漬け直して通算三年を越すと、ご飯そのものも味わいがいのあるまろやかな風味の鮒ずしに仕上がる。

ひろ子さんが自分に言い聞かせるようにつぶやいた。

「――こうしてあらためてお話しすると、大変な仕事ですなあ」

年々変化する自然環境の波に何度もさらわれそうになりながら不安と隣り合わせ、身を削るようにしてひたすら鮒ずしを守り通してきた。湖西に生きてきた北村家の人々にとって、それが自分たちが受け継いだ文化の伝えかたなのだ。

先行きを照らす光明ももたらされた。娘婿として北村家に入った篤史さんは、名古屋出身。名だたる京都の料亭で料理人として修業を積んでいるころ真里子さんと出会い、結婚した。

「彼が鮒ずしづくりを継ぐと言ったとき、反対したんです。鮒は獲れないし、仕込みはきついし、そもそも娘の私自身も家業を継ぐつもりはなかったんです」

いやァ、あとになってこりゃ大変なことになった、僕の考えが浅かったとあせったんですけど、とおだやかに笑う篤史さん。

「初めて鮒ずしを口にしたときは、それまで経験したことのない刺激に電流がびりびり走りました。ところがいまでは、これなしではよう生きられん味になりました」

持ち前の熱心さを発揮して、むずかしいエラ取りは早くも篤史さんの得意技だ。いまでは仕入れも任される大切な片腕である。

新たな未来を切り拓こうと家族一丸となって苦労を重ねてきた「喜多品老舗」だが、じつは二〇一二年、いったん廃業を経験している。鮒が激減し、これでは家業が立ちゆかないと決断してのことだった。しかし、その顚末を惜しむ大津市の和菓子舗が支援を名乗りでて、真里子さんが十八代目を継承し、途絶するかと思われた家業が復興することになった。十八代目の手による鮒ずしを味わうと、きりりとして俊敏な風味。走り抜けるアスリートの姿を彷彿とさせる。大きな試練を家族いっしょに乗り越えた「喜多品老舗」はさらに進化している。不屈の精神、攻めの姿勢に頭が下がった。

右から喜多品老舗十七代目・北村眞一さん、ひろ子さん、
18代目をついだ真里子さんの夫・篤史さん。

四〇〇年鮒寿し 総本家 喜多品老舗

滋賀県高島市勝野1287
Tel/Fax 0740-20-2042
http://www.400-kitashina.com/
営業　10:00〜17:00
（お食事は11:001より／要予約）
定休日 月・木（祝日の場合は翌日）

鮒寿し

1尾5400円〜5万4000円
（税込。価格は大きさによる）。
ほかに、酒粕に漬け込んだ「大溝甘露漬」。

岡山県

吉備高原「吉田牧場」

チーズ

「吉田牧場」のチーズを初めて味わったときの衝撃は忘れられない。一面に広がる青草、空に流れる雲、牛たちが吹かれる風、なだらかな山の斜面……味を通じて自然がくっきりと見える。人間の手を借りて出来上がるチーズという加工品が、これほどの鮮烈な感覚をもたらすことに驚愕させられた。その衝撃は、二十年経ってもまったく色褪せない。

朝靄が立ちこめる早朝五時すぎ。すがすがしい空気とともに二十三頭の牛たちが牛舎に姿を現し、放牧から帰ってきた。がっちりとした体躯のブラウンスイス種二十頭、ジャージー種三頭。柵を開けて中へ導くのは牧場主、吉田全作《ぜんさく》さん。搾乳機の準備にとりかかるのは息子の原野《げんや》さんだ。標高約四百メートル、岡山・吉備高原の山中でいつもの一日がはじまった。

「吉田牧場」は、日本では稀少なフェルミエ（自家製チーズ農家）である。牛を放牧し、育て、家族のように世話をし、乳を搾り、その搾りたての乳でチーズをつくる。

牛を育てるところから始まる吉田牧場のチーズ。中央上から時計回りで、カチョカバッロ、ラクレット、フレッシュチーズ、リコッタ、サンマルセラン、モッツァレラ、カマンベール、中央がウォッシュタイプ。

「すべて自分の手でやることに意味があります。チーズづくりがとにかく注目されがちですが、牛の世話から草刈りまで、すべてチーズに反映するんです。そこが一番おもしろいところなんですが、これがなかなか理解されにくい」

「放牧」と聞くと、ついのどかな風景を思い描くけれど、「吉田牧場」を訪れると、そのイメージはたちまち吹き飛ぶ。とにかく忙しい。早朝に牛舎で餌やり、搾乳、掃除。日中は工房でチーズづくり。夕方になればふたたび牛舎で餌やり、搾乳、牛舎の掃除。あいまに草刈り……一日中、息つくひまがない。毎日おなじ繰り返しに見えても、仕事の内容は複雑をきわめる。牧草にしても、三ヘクタールの広大な圃場の土質や日当たりによって選んだ四種類、それぞれの繁茂状況をつぶさに把握する。日当たりや水はけによって選んだ刈る時期と面積は、牛の頭数と総面積のバランスをみながら、季節に応じて判断を下してゆく。

それにしても、牧場の様子はなぜこうも違うのだろう。多くの牛舎では、牛はつなぎっぱなし、定時ごとに乳を搾る様子は牛乳工場のようだ。

「牛は歩きながら草を食べるので、放牧すると運動量が増えるぶんエネルギー消費量も増え、乳の出が減ります。また、放牧すれば飼料計算がしづらく、放牧地を管理する労力も必要になる。だから〝つなぎ〟が一般的になってしまう」

ところが「吉田牧場」では、牛たちは気の向くまま歩き、草を食み、好きなときに好きな場所でまどろむ。お産の時期でも、放牧地で牛まかせ。ショコラ、カボス、最高齢十一歳のミモザもりっぱな乳量を誇っている……健康状態を親身に見守りながら暮らす牛たちと家族同然のつきあいだ。

朝六時半、朝の光がつよくなったころ餌やりと搾乳が終わった。今朝の総量約百九十リットルは、四度に設定した保冷器にすぐ運んで管理する。搾乳の時間は気が抜けない。牛の体調は乳の出や乳房の様子に現れるから、一頭ずつ乳を搾りながら自分たちの目で健康管理をするいい機会だ。餌を食べる量によっても、牛たちの体調をつかむという。

全作さんが搾りたての乳を飲ませてくれた。

甘い！　すっと軽く、爽快な甘さ。搾りたては「濃厚」と表現されがちだが、違う。一点の曇りもない健やかさ、透明なすがすがしさを感じる味わいに、牧場の原点を感じた。

この味は、全作さんと妻、千文《ちふみ》さん夫婦の格闘のたまものでもある。なにしろふたりが東京から引っ越してきて牧場をつくったとき、ここには家はおろか、電気や水道さえなかったのだから。

全作さんは北海道大学農学部出身だ。

「大学では探検部と山岳部に入っていて、登山やアラスカ探検の時間を捻出できる学部を選んだだけだったんです。この仕事に就くなんて想像したこともないから、畜産科なのに牛に触ったこともなくて（笑）」

ちなみに千文さんもおなじ北海道大学、探検部の出身である。全作さんは大学卒業後、東京で「全農」に就職したが、すぐに都会のサラリーマン生活に飽き足らなくなった。転職を考えはじめたとき、偶然雑誌で見知ったのが、フランスの酪農家がチーズづくりをしている記事だった。

「これだ！　と閃きました。サラリーマンは五年経ったら辞められないというから、その前に辞表を出そうと」

すでに結婚して二児の母になっていた千文さんとともに生きる場所をもとめたのは、全作さんの故郷の岡山。三ヶ月の酪農研修ののち、運よく見つけた離農跡地を手に入れて酪農生活のスタートを切るのだが、日々の生活は開拓者さながら。あちこちから古電柱を集めて牛舎と住まいを建て、水道は一・五キロ離れた山の上からパイプで引く。

「自分の名前の通り、〝全て自作〟です（笑）」

苦労して引いた水道は夏は涸れ、冬は凍結。家はマイナス十度が続くと雪に埋もれる。訪ねてきた友人は一家の過酷な暮らしぶりを目にして絶句した。それが一九八四年のこと。

「当時は借金返済に必死でした。農地取得基金などから資金を借り入れたので、牛の頭数を三十頭以上に増やして乳量を上げるのに懸命で、ウィスキーの搾り滓とか乳のたくさん出るへんな餌とか、いろいろやってたなあ」

しかし、乳は出しても牛がすぐだめになる。かんじんの牛乳の味も、自分で飲んでおいしいとは思えなかった。これは違う、ほかに道はないのだろうか。折しも八七年、全国の酪農家が生産調整を受け、減産を余儀なくされたのを契機に農協から離れ、原料からチーズ加工まで自家製でおこなう道へ踏み出した。

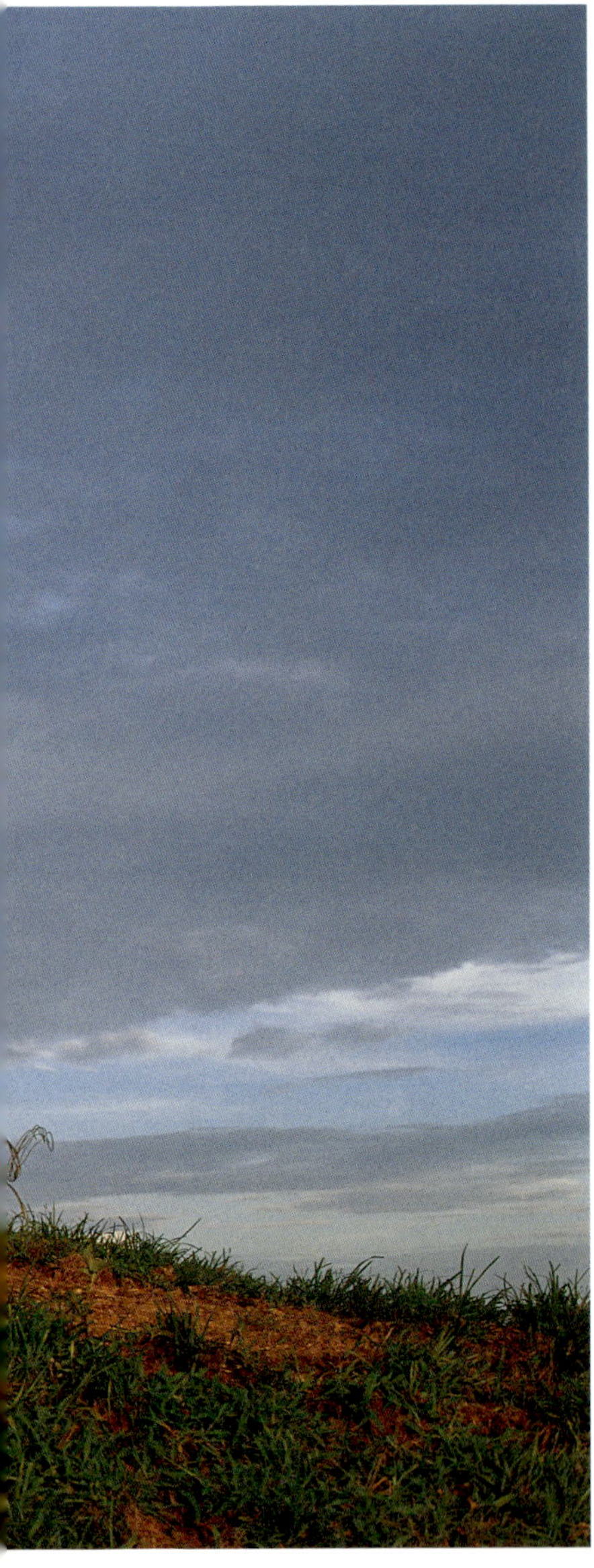

日当たりや水はけによって選んだ牧草は4種類。
牛たちは気のむくまま草を食み、まどろみ、夜も
放牧地で眠る。明け方と日暮れに乳が張ってく
ると、主人の待つ牛舎にいそぐ。

いったん方向が定まると、全作さんは持ち前の行動力を発揮した。まず、好きなカマンベールとフレッシュチーズをつくるために、本場の伝統製法を学ぼう。単身フランス・ノルマンディへ飛んで土地のフェルミエを訪ね歩く。

「ヨーロッパのチーズを目指したけれど、現地の製法を見て愕然としたんです。そもそも原料が違う。気候風土も土壌も、乳酸菌も違う」

目標を失って悩む全作さんに、あるフェルミエの男性がこう励ましの声をかけた。

「おまえのところでしかつくれないチーズをつくったらいいじゃないか」

全作さんは、開眼した気持ちになったという。

「そうだよな、岡山でノルマンディのチーズをつくってもしょうがない。自分がチーズをつくる意味は、自分の土地の味をつくることだ、と」

肩の力が抜けた。試行錯誤を繰り返しながらカマンベール、フレッシュチーズ、ラクレットづくりに打ち込み、しだいに評判をとってゆく。

「吉田牧場」の味を築いた存在が、ふたつある。ひとつは人との出合い、もうひとつは牛との出合い。イタリア大使館の参事官だったサルバトーレ・ピンナさんとは、親しい東京のパン職人を通じて知り合った。「吉田牧場」の味を気に入ったピンナさんは、わざわざ泊まりこみでモッツァレラの製法を伝授してくれた。

「試作して東京へ送ると、辛い点数が帰ってくる。失敗作は土に掘った穴に埋めていたんですが、その穴掘りにも慣れた半年め、ついにピンナさんが太鼓判を押してくれた」

全作さんの腕を見込んだピンナさんは、カチョカバッロ、リコッタなどイタリアの伝統的なチーズの製法を伝授、九〇年代半ばには、「吉田牧場」のチーズはイタリア大使館のお墨付きをもらうレベルの高さに達していた。

もうひとつの牛との出合いは九一年、ブラウンスイス種である。地元加茂川町（現・吉備中央町）が酪農振興の一環としてアメリカから輸入するときを好機と捉え、それまでのホルスタイン種から思い切ってブラウンスイス種に切り替えた。ブラウンスイス種の乳の特徴は乳糖とたんぱく質の含有量が高く、甘くてこくがある。

「自分でも、やった！　と思いました。それまで水分の抜きかたや温度管理など細かい条件に四苦八苦していたけれど、乳質が上がったら、抱えていた問題がどんどん解決されていった。土壌に合った正しい育てかたさえすれば、おのずと乳質を保持できる。大きな自信になりました」

こうして「吉田牧場」のチーズは、全国のレストランのシェフからも圧倒的な支持を得ていく。


午前九時過ぎ。きりっとタオルで頭を縛り、エプロンがけ、長靴姿。搾りたての乳を入れた集乳缶を工房に何本も運びこみ、今日のチーズづくりがはじまった。

「吉田牧場」のチーズは現在九種類。それを一週間単位のローテーションでつくる。今日はカマンベール、ラクレット、リコッタ、カチョカバッロの日。

工房のなかは蒸気がもわっとこもって、サウナのように蒸し暑い。大鍋に移した生乳を湯煎にかけ三十五〜三十八度にあたためる、その熱だ。まず最初の工程は鍋に乳酸菌を入れ、発酵させること。

じつは、この乳酸菌こそチーズの生命のみなもとだ。ヨーロッパから帰国後、全作さんは猛然と応用微生物の勉強にかかった。

「乳酸菌は、自分の生存のために自然環境に合う細菌層を形成し、それを常に保つようになる。つまり乳酸菌も土地の産物なんです」

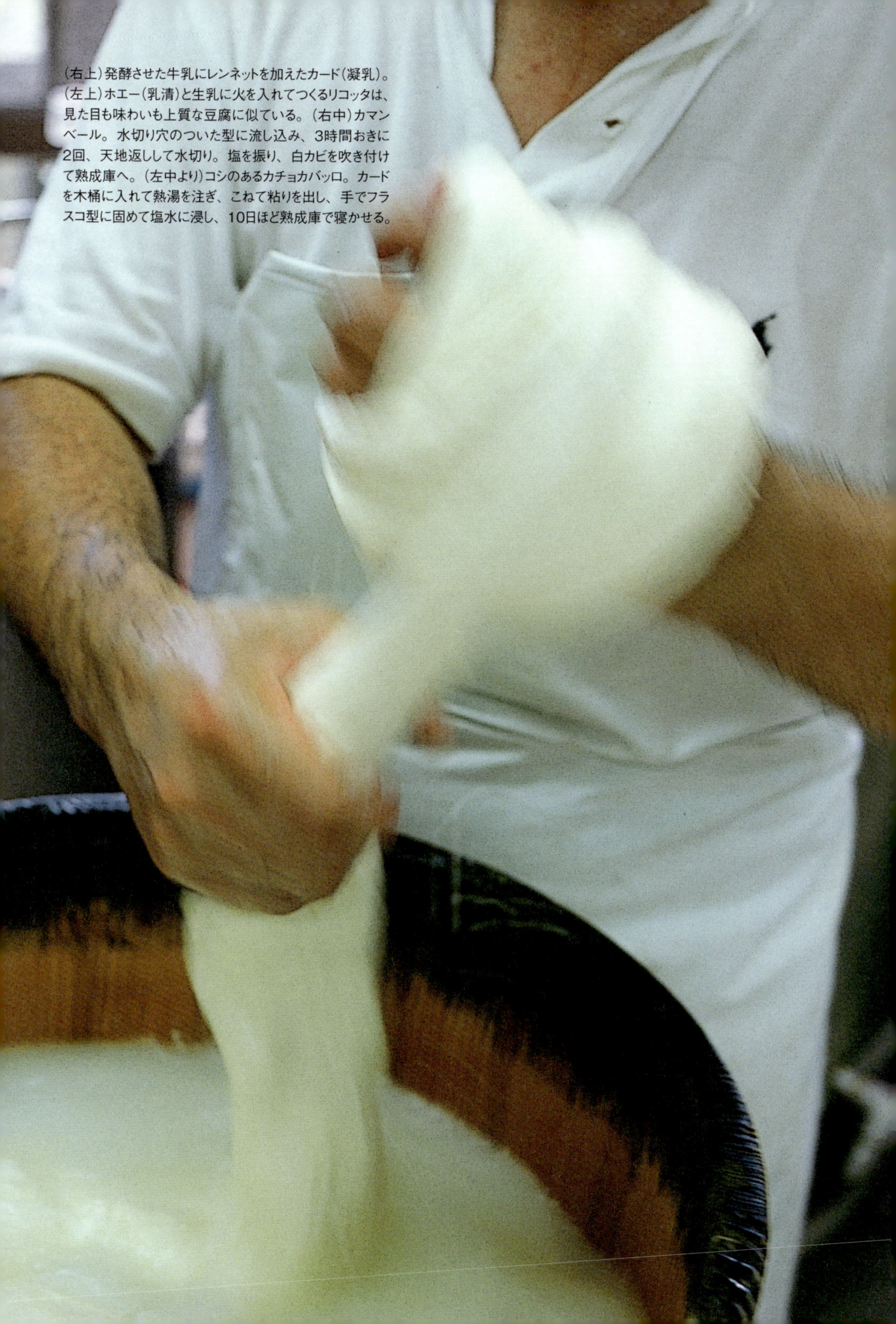

（右上）発酵させた牛乳にレンネットを加えたカード（凝乳）。（左上）ホエー（乳清）と生乳に火を入れてつくるリコッタは、見た目も味わいも上質な豆腐に似ている。（右中）カマンベール。水切り穴のついた型に流し込み、3時間おきに2回、天地返しして水切り。塩を振り、白カビを吹き付けて熟成庫へ。（左中より）コシのあるカチョカバッロ。カードを木桶に入れて熱湯を注ぎ、こねて粘りを出し、手でフラスコ型に固めて塩水に浸し、10日ほど熟成庫で寝かせる。

ほかの土地や環境にはない乳酸菌、これもまた「吉田牧場」の財産だと考えている。

生乳を湯煎にかけて低温殺菌したのち、乳酸菌を加え、発酵させてからレンネット（牛乳を固める酵素）を注いでカード（凝乳）をつくる。ゆっくり豆腐のように凝固したカードに専用のカッターを差し込んで細かく切り動かすと、みるみる半透明のホエー（乳清）が分離して浮き上がる。チーズの種類によって温度は変わるが、これがチーズづくりの基本となる。たとえばリコッタは、汲みだしたホエーを火にかけて生乳を加え、さらに前日の酸味の増したホエーを加えて専用の容器に入れてつくる。アルプスの少女ハイジがおじいさんに火にかざして食べさせてもらうあのラクレットは、まず銅鍋で生乳を煮るところから。カチョカバッロは、細長くカットしたカードを木桶に入れて熱湯を注ぎ、こねて粘りを出したのち手でフラスコ型に固める……全作さんと原野さんが阿吽《あうん》の呼吸で動き、汗だくになりながら黙々と作業を進めていく。

ちょうど同じ頃。壁一枚はさんだ作業場では千文さんと原野さんの妻、睦海《むつみ》さんが発送の準備に大わらわだ。送り先は全国に散らばり、個人からレストランまで注文の内容はさまざま。顧客の反応にじかに触れるのも女性陣だ。結婚して三十年余り、千文さんは全作さんの仕事を支えてきた。

「今日のは柔らかすぎるとか、これ違うとか、いちいち言ってます。だから喧嘩が絶えない（笑）。でも、お金をいただいているのだから妥協はできない。長年のお客さまも率直に意見を伝えてくださるので、ほんとうにありがたいです」

つねに顔の見える関係でありたいから、注文を受けるのは電話とファクスだけ、インターネットの注文には抵抗があるんです、と睦海さん。いまでは「日本一入手困難なチーズ」と呼ばれるほどの人気ぶりだが、従業員を雇って規模を広げるつもりはまったくない。家族だけでこなせる範囲が、自分たちの領分。それがチーズづくりの信条であり、一家の生きかたである。

大学を卒業した原野さんが十年前からチーズづくりに加わってから、新しい展開もあった。フランスでチーズづくりを学んできた経験を生かして熟成庫を増築したり、新たなチーズ、サンマルセランに挑戦したり。父母が開拓した道をさらに切り拓こうと意欲を燃やす原野さんが、次代を担おうとがんばっている。

熟成したラクレットやカマンベールであっても、「吉田牧場」のチーズを味わうと、やっぱり実感することがある。それは、「フレッシュな搾りたての乳の味が伝わってくる」ということ。牧場をわたる風、雲、光、ひとの手仕事……生まれ育った環境と状況のすべてをチーズが繊細に語りかけてくるのだ。それは吉備高原の気候風土に根ざした味、日本の味。

「昔から、気持ちよく楽しく環境のいいところで家族と暮らして、笑って死にたいと考えていました。そこへきて食いしんぼうだから、この土地で自分が満足できる味をどうしてもつくりたい」

豪快に笑う全作さんの目の奥の輝きは、北大探検部でアラスカや中南米を旅していたときと、きっと同じなのだろう。一家で漕ぎ出したフェルミエという冒険はまだまだ終わらない。

吉田牧場

問い合わせ・注文先
〒709-2144
岡山県加賀郡吉備中央町上田東2390-3
Tel 0867-34-1189
Fax 0867-34-1449

吉田牧場のチーズ

フレッシュ 500円 リコッタ 250円／100g
マジヤクリ 1400円 ラクレット 600円／100g
ウォッシュタイプ 600円／100g
カチョカバッロ 500円／100g(800g前後)
カマンベール 1000円(150g以上) すべて税別
(来店、または電話かFaxでの注文のみ)

鹿児島県

伊佐市「沖田黒豚牧場」

かごしま黒豚

ひと口め、気がついたら目を閉じていた。黄金色の衣に包まれたロース肉のとんかつ。さくっと歯切れのいい音を立ててかぶりつくと、こっくりと濃い肉汁が口いっぱいに溜まった。肉汁にからみつく甘い脂、これは極上のソース。とにかく甘い。しかも霞のようにふわりと消えて後ろ姿を残さない。こんな黒豚のおいしさがあったとは。半信半疑のまま箸が止まらない。とんかつもしゃぶしゃぶも「なんちゅはならん、よか味。ほんのこつうんまか黒豚」。出合いがしら、ぎゅっと心をつかまれた。

鹿児島県伊佐市の山道を車で進んでゆくと、カーナビの案内も途絶えたころ、素朴な看板が現れた。「← 沖田黒豚牧場」。ペンキ塗りの表示通りに走ると、木々の間から隆起に富む広大な土地が広がっている。見晴るかすと、黒い体軀の豚たちが走り回ったり、じゃれ合っていたり。ここ鹿児島に「沖田黒豚牧場」あり、東京ドームの約二・五倍、合計十一ヘクタールにおよぶ注目の牧場である。「ンゴンゴ」「ブヒブヒ」「ンフンフ」

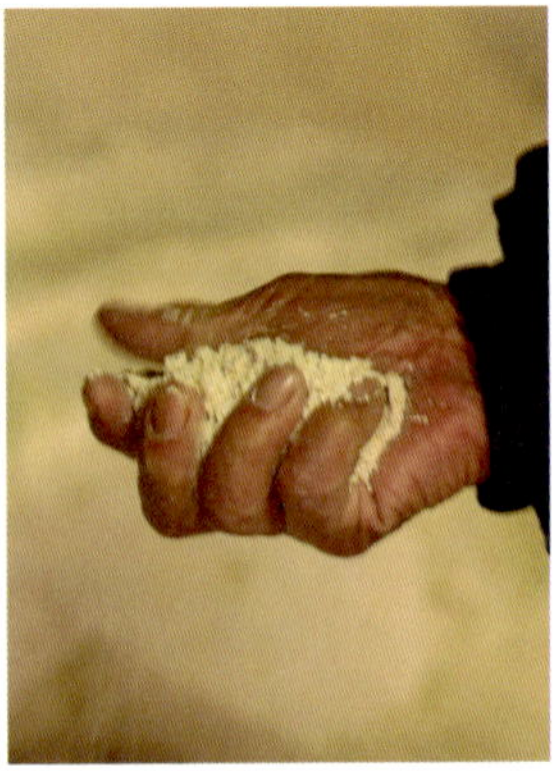

広大な敷地に丘陵をかかえた放牧場、3600㎡の畜舎、民宿レストランも備える。母豚60頭、年間の出荷頭数600頭。量より質の高さに重点をおく頑固な経営ぶりだ。土にまみれて走り回る黒豚は、しゃくれた鼻、「六白」の体軀が血統を物語る。

元気のいい黒豚は、鼻息の荒さも天下一品だ。泥だらけで遊んでいるところに近づくと、愛嬌いっぱい、タタタと駆け寄ってくる。バークシャー純粋種の黒豚は「六白」、つまり鼻・足・尾の六ヶ所が白い。ぴんと立った耳、ずんぐりした体軀、短くて太い脚。しゃくれた鼻を鳴らし、土にまみれて戯れる様子が愛らしい。生後四ヶ月を豚舎で過ごしたあと、元気いっぱいに放牧地で育つ黒豚たち。

一家の「じいちゃん」、一九三一年生まれの沖田速男さんが心血を注いで磨いた養豚技術は、じつにユニークなものだ。母豚の黒豚三頭を飼い始めたのは六〇年、牛や白豚の飼育を経たのち、七七年に国有林を買い受け、自力で土地を造成し黒豚の放牧をスタートさせた。当時から〝黒豚は経済効率が悪い〟と言われたものだが、それでも意思を曲げなかったのは、黒豚のずば抜けた肉質の良さに惚れ込んだからだという。

「それこそ寝る間も惜しんで、どうすれば理想の肉質になるのか、飼料の研究に没頭しました。現在の発酵飼料に辿り着くまでに十年間かかったけれど、麦類やサツマイモを与えると肉や脂肪の質がよくなると確信を持ったんです」

速男さんが独自に考案した飼料は、甘藷、麦、小麦粉、トウモロコシ、米糠、大豆滓《かす》や醬油滓などを組み合わせるというもの。飼料消化率を高めるために発酵菌を混ぜて毎日攪拌、ビタミンB_1を壊さないよう、六十度以下に温度を抑えながら発酵させる。与えるカロリーは成長段階に応じて増やし、約二百四十日（白豚は約百八十日）かけてゆっくり育てる飼料設計は、黒豚本来の成育に寄り添おうとする速男さんの信念に基づくものだ。放牧場にしても、ここがいいと狙い定めて造成した起伏の激しい地形は、豚にとってかっこうの運動場だ。しかも、傾斜に富むため、雨風がおのずと土壌を活性化させる。土地は二ヶ月単位で休ませ、草の生長や陽当たりにも目配りを怠らない。

速男さんの右腕を務めている健治さんは、長女、一代さんの夫。地元ＪＡの畜産指導員を経験しているだけに、義父の功績を客観的にこう分析する。

「環境、純粋種のもと豚、餌。この三つの質のよさがうちの豚のおいしさをつくっています。平坦な土地で飼うと水溜まりができやすく、土が汚れて豚が病気になりがち。でも、ここは傾斜地で地質がへたらず、石混じりの粘土質なので。土を食べる習性のある豚が自然にミネラル分を吸収します。餌も、脂質をよくするためにトウモロコシを減らす、低温処理ではむずかしい焼酎滓はやめて地下水にする……直感を働かせて、試行錯誤を続けてきました。うちの豚舎は臭いがしないでしょう?」

その通りなのだ。まず最初に驚かされたのは、健治さんが受け持つ放牧場や豚舎、どこを歩いても嫌な臭いがないこと。糞や堆肥でさえ、まったく。これまでいろんな畜産農家を訪ねてきたが、初めての経験だった。環境や育て方が食肉のおいしさに直結している、その説得力。

家族ひとりひとりが自分の役割を請け負う「沖田黒豚牧場」では、種付けと分娩、子豚の担当は孫の歩さん。黒豚は体が大きくないぶん子豚が小さく、母豚の骨盤や産道が狭いため、分娩担当は重責だ。農業大学を卒業後、二つの農場で五年間の経験を積んだのち実家に戻った歩さんは、たくさん食べさせて短い期間で出荷する量産型の養豚技術をはじめ、養豚の全体像の現況を学んだことで、牧場の環境と肉質の関係を再認識できました、と語る。

「餌はもちろん大事な要素ですが、環境や飼い方によって、どこの養豚場にでも合うわけではありません。要は、自然にいちばん近い形にして育てるとストレスがなくていいんじゃないのかな。肉質自体はこのまま変えずに守っていきたいですが、うちは頭数も少なく、産出数や受胎数などの数字だけでは単純によそと比較できない。じいちゃん、父、兄貴、僕、協力しながらいい形を作って次世代に遺したいと思っています」

鹿児島の黒豚の歴史は、そもそも江戸期にまで遡る。十七世紀初頭、島津氏が琉球侵攻した際に島豚を連れ帰り、薩摩の豚と交配、明治期にもイギリスからバークシャー種を導入し、現在のバークシャー純粋種が誕生した。「歩く野菜」と呼んで古くから盛んに豚肉を食べてきた鹿児島では、黒豚は県にとって大きな財産とかんがえており、伝来の純粋種を伝えるために系統を厳密に管理している。一九九〇年、行政が主体となって「鹿児島県黒豚生産者協議会」が発足。バークシャー純粋種「かごしま黒豚」の認定を取得するための定義を規定し、品質の向上を図った。

①鹿児島県内で生産・肥育・出荷したバークシャー種であること（アメリカバークシャー種を除く）
②出荷前に六十日以上、飼料に甘藷を配合する
③出荷日齢は生後二百三十〜二百七十日

一頭の枝肉重量は六十五〜八十kg、背脂肪の厚さの目安は一・三センチ以上、白豚と混飼していないことなどの条件を満たす生産者（正会員百二十一名）に「かごしま黒豚証明書」を発行、九九年には販売指定店制度を実施し、現在は全国で二百七店舗（平成二十六年度）が「かごしま黒豚」を扱う。

じつは、速男さんこそ、「鹿児島県黒豚生産者協議会」会長を二十年間務めた人物である。

「私が一貫して問いかけてきたのは、〝黒豚を守る強い意志があるか〟。経済性に劣る側面は、それ自体が黒豚らしさであり、黒豚の本質なのです。黒豚を守るためには、まず生産者の意識を本物志向に変えなければならないと考えてきました」

昔ながらの黒豚はさくっと歯切れがよく、肉質はきめが細かい。鹿児島の人々が言うところの、独特の「小《こ》味《あじ》」。では、どの黒豚も同じかといえば、必ずしもそうではない。独特のカリスマ性を発揮してリーダーシップをふるってきた速男さんは、損得勘定を抜きに行政に対して忌憚なく発言を続け、証明制度や販売指定店制度、抜き打ちのＤＮＡ検査などを実現、黒豚の品質に貢献してきた。二〇一三年、会長職を辞した際も南日本新聞（二〇一三年七月二十五日付）の取材を受けて、こう警鐘を鳴ら

している。「これまでの系統豚は市場ニーズに応えようとして、黒豚本来の姿から離れてしまっていた」「ブランドの再構築を図るべき」。目先の経済効率に惑わされるな。愚直に本来の黒豚に立ち返ることが価値を高める、と。

鹿児島県の豚肉の生産量は日本一だ。その大半を占めるのは白豚、黒豚は約二割、うち「かごしま黒豚」は半分の約一割。正統派の数の少なさに驚かされるのだが、その理由を、鹿児島県農政部畜産課（当時）・新小田《しんこだ》修一さんが説明する。

「白豚は六ヶ月で出荷できますが、黒豚は同じ百十kgの規格体重に育てるまで八ヶ月を要し、産子数も少ない。また、長い飼育期間にはコストもかかる反面、体が小さく肉量は少ない。その分高く売れ

沖田黒豚牧場では放牧場と畜舎担当は二代目の健治さん、種付けと分娩、子豚の担当は孫の歩さん（下）、餌づくりと放牧場の豚の世話は一代さん、その全体を牧場の創設者である速男さん（上）が見守る。

るなら問題はないのですが、消費者は『おいしい』と言ってくれても、値段が高ければなかなか買わないのが実情です」

さらに新小田さんは、八〇年代のバブル期に黒豚ブームが起こったとき、人気に便乗して生産者が我先に黒豚の養豚に手を出し、品質にばらつきが出てしまった現実を指摘する。全国で急激に知名度が上がったことも、にせもの騒ぎのタネになった。わたしたち消費者にしても、黒豚の品質と味、値段を見極める意識をもって本物を選んできたかどうか、あらためて省みる必要がある。

さて、生産農家にとって不可欠なのが、と畜から加工までを担う存在だ。九州一円で絶大な信頼を誇るのが、鹿児島県曽於市の「ナンチク」（南九州畜産興業株式会社）。「沖田黒豚牧場」でも、一頭ごとにと畜料を支払い、枝肉加工から出荷販売までを依頼している。年間の黒豚出荷数は一万七千頭（平成二十五年度）、県全体の黒豚出荷頭数の約一割。「鹿児島県黒豚生産者協議会」所属の生産者の黒豚だけを扱う。

「ナンチク」の解体ラインを見学して、そのクリーンぶり、スピーディさに圧倒されてしまった。全国に先駆けてＨＡＣＣＰ（危害分析・重要管理）システムが導入されており、と畜解体ラインのピッチは業界最速。最新の凝縮エアートンネルで豚毛をスチーム処理、ポリッシャー型脱毛機などを駆使して皮つきのまま枝肉に仕上げる。熱や酸化の影響が可能なかぎり抑えられるため、「ナンチク」で加工された肉の脂身はまっ白で美しいと評価される由縁だ。しかも、と畜作業のほとんどは自動ロボットがおこなうため、人間との接触がない。話には聞いていたけれど、想像をはるかに超える機能の数々。枝肉に仕上げるまで、わずか三十分しかかからない。一日冷蔵したのち加工ラインに運ばれた枝肉は、百人単位の技術者たちがナイフを握り、目にも止まらぬスピードで的確にさばいてゆく。生産農家から出荷まで、こうして一丸となって流通に携わっているところに鹿児島の食肉産業の強みをみせつけられる思いがした。
　黒豚の将来をかんがえるとき、食肉にまつわる課題が明らかになってくる。
「昭和期、黒豚の値段は白豚の値段プラス百五十円が目安でした。白豚の値段が下がって黒豚の半額になったこともありますが、いずれにしても黒豚は産子数が少なく体も小さいので、値段を安定させなければ農家経営が苦しい。現在は、黒豚の値段は相場制になっています」（「ナンチク」豚事業部次長・瀬戸山浩二さん）
「枝肉相場は去年はＰＥＤ（豚流行性下痢）の影響で白豚が一kg六百円を超え、黒豚より高騰したこともありました」（同事業部販売課課長・外山剛さん）
　逆にいえば、白豚のほうが外的要因によって値段が変動しやすい。ＴＰＰ問題を考えると、養豚の現場や食肉市場への影響は多大です、と鹿児島県農政部、新小田さん（前出）が指摘する。
「アメリカの白豚が関税なしに豚肉市場に入ってくると、価格は半額になる。そのとき、たとえば五百円の白豚を買っていた消費者が三百円の外国産白豚にいくのか、それとも黒豚にいくのか。つまり、国産の本当に質のいいものを日本の消費者がどう評価するか、良識が問われると思います」
　その状況下、時流に翻弄されず、黒豚本来のありかたを守り続けてきた「沖田黒豚牧場」は、灯台守のように光を照らす存在に思われてならない。年間の出荷数約六百頭、かたくなに量より質に重点をおく頑固な経営方針。速男さんの信念は、孫たちの手によって継承され、さらに大きく開こうとしている。三代目を担う孫のひとり、大作さんは福岡や東京で料理の経験を積んだのち、速男さんがみずから建てたログハウスで〝牧場民宿レストラン〟「和《のどか》」を開いた。自家製の米、近隣の農家で採れた野菜、自分たちの牧場で育てた「かごしま黒豚」の肉を使って腕を揮う大作さんの料理は、山奥にもかかわらず月平均五百人を集める繁盛ぶり。とんかつ、しゃぶしゃぶ、角煮、味噌漬け焼き、シンプルな料理が肉のうまみを際立たせ、遠方からの予約が引きも切らない。

レストランの名前「和」は、一九九九年に永眠した速男さんの妻、和子さんにちなむ。二代目を引き継いだ長女の一代さんが秘めた思いを打ち明けてくださった。

「母は、黒豚の分娩など地道な仕事を一身に背負う縁の下の力持ちでした。牧場は、母の苦労なしにはここまで来られなかった」

沖田家三代の家族の物語の中心に、いつも黒豚がいた。歩さんが腕に抱く赤ちゃん黒豚が、早春の光のなか、幸福な顔つきでまどろむ光景に鹿児島の養豚の原点があった。

＊沖田速男さんはこの取材ののち、二〇一六年五月に急逝されました。

沖田黒豚牧場

（直売店）Tel/Fax 995-28-2408
〒895-2527　鹿児島県伊佐市大口田代1916
（牧場民宿レストラン「和―のどか―」）
伊佐市大口田代1558-66
Tel/Fax 0995-28-2098（要予約）
営業　11時半〜15時／18時〜22時
不定休

レストラン「和」

選べるランチ	1800円
夜　しゃぶしゃぶコース	3000円
黒豚いろいろコース	4000円

レストラン「和」は孫の大作さんが担当。右頁はランチの塩焼きステーキとロースかつ。左頁はディナータイムに供されるしゃぶしゃぶ。三枚肉（バラ）とロースがたっぷり。地の野菜とともに、特製の酢味噌だれでいただく。

岐阜県

中津川市「栗菓匠 七福」ほか

栗きんとん

秋の便りは、中津川の栗きんとん。九月を迎えると、中津川の菓子屋には全国からいっせいに注文が殺到する。ひとつぶを指でつまむと、ほろりと崩れる栗の素朴な風味に日本中がぞっこんだ。中津川は、かつての宿場町。皇女和宮《かずのみや》が江戸へ向かい、大名の参勤交代に使われ、弥次さん喜多さんが歩いた中山道の拠点である。地元の菓子屋がいっせいに栗きんとんを売り出す秋を迎えると、これがおいしい、今年はあっち、……ひとつの菓子を巡って沸き立つ。こんな町、ほかのどこにもない。

早朝六時半。ガス火にかかった銅釜から栗の香りがふわあっと立ち昇る。昭和五十一年創業、「栗《くり》菓匠《かしょう》 七福《しちふく》」の厨房で、職人がつきっきり、おおきな木ベラを操って、まず一回め二千個分の栗きんとんの餡《あん》を炊きはじめた。栗きんとんの材料は栗と砂糖だけ、とてもシンプルな菓子である。だからそのぶん、シンプルな材料と作り方にはそれぞれの店の流儀と工夫がある。「七福」二代目の安藤隆生さんは、四十代の若手ながら中津川菓子組合の組合長を務め、ひと一倍研究熱心だ。

「蒸して粒を残した栗に砂糖を加えて練り、しっかり炊き上げる、この過程で、栗きんとんの口どけ、つぶつぶの食感、しっとり加減、栗の風味、粘り気などが決まっていきます。うちはしっとりめ、甘さは控えめ。比較的さらりとしていると思います」

安藤さんいわく、中津川の栗きんとんは「進化している」。まず、原材料の栗は九州地方の厳選したものを仕入れ、地元の栗とブレンドする。なぜか。やや水分が多く粘質、甘い中津川の栗に、色が黄色くほっこりした粉質をもつ九州の栗と合わせることで、思い描く最高の栗きんとんになるからだ。また、早生《わせ》、中生《なかて》、晩生《おくて》などの収穫時期、温暖化現象、台風などの気候条件によっても質や味は大きく左右される。台風が災いして九州の栗の生産量が激減、菓子舗がこぞって栗の手配に奔走する年もある。とうぜん、鮮度もだいじな要素だ。栗のプロにとってみれば、「穫れたての栗と、栗林に一日転がしていた栗とは大違い」。もっと栗を見る目を磨きたい、と安藤さんは一反五畝《いったんごせ》の栗林を自力で再生させ、自分でも栽培を手がけるようになった。

近年、地元の農家でも栗にあらたな目を向ける動きが広まっており、たとえば「はやし農場」二代目の林雅広さんは、そのまま焼き栗にしておいしい糖度の高い栗を育てたいと、氷温熟成の貯蔵法や品種研究に熱心に取り組んでいる。栗、とひと言いえば目の色が変わる中津川は熱い町だ。

午前八時。中津川市内に五店舗を持つ昭和九年創業の菓子舗「栗菓子処 信玄堂」を訪れると、もう栗きんとんづくりははじまっていた。炊き上げて一個ぶんの量に切り整えた栗餡の山を囲み、白い茶巾を手にした三人の職人さんが目にも止まらぬ手つきで絞ってゆく。この道五十年余、大ベテランの茶巾絞りは早い、早い！　素手で餡を包み、てるてる坊主のように天をきゅっと絞り、親指のつけ根で底をすばやく窪ませてから茶巾を開くと、わずか五、六秒で山麓が現れる。山肌にはうつくしい稜線。力まず、空気をふわっと含ませながら、三十分で二百個は絞るという栗きんとんは、ひとつず

栗菓匠　七福

岐阜県中津川市中津川3022-18
Tel 0573-66-7311
営業　8:30〜19:00
定休日　第2・3水曜日(日曜営業)
http://www.7fuku.co.jp/

栗きんとんの最盛期は9月のお彼岸過ぎ。「七福」ではピーク時、早朝5時から栗きんとんの餡炊きが始まる。（右頁）左上下は茶巾絞り。栗餡が温かいうちが扱いやすい。右上下は「はやし農場」の栗と、林雅広さん。

つ表情の違う生きもののよう。

「信玄堂」では、蒸した皮つきの栗の中身を竹ベラで掘って取り出し、粗めに調節した篩《ふるい》の目を通して栗の粗さを調節している。どれもこれも、代々に伝わってきた昔ながらの手仕事だ。三代目店主、武田真幸さんにとっても、やはり栗の手配は重要な仕事だという。

「うちは地元の栗農家約二十軒と直接契約しています。中津川の栗は味が深く、みずみずしいので粒で使うには絶品ですが、栗きんとんには水分の少ないホクホクとした熊本産の方が、ヘラ数も少なく綺麗な色にあがる。そのつど栗の味に合わせて、中津川の栗と熊本の栗をブレンドしています。初代から受け継いだのは、『うそをつくな、よい原料を使いなさい』という言葉。どこの店でも同じはずですが、ずっと長いことやっていくつもりなら、やはりごまかしのないものをつくらなければ。数多いお店のなかでいかに特性を出すか、お客さまに認めてもらえるものを仕上げなくてはなりません」

栗きんとんは、怖いほど正直なお菓子だ。素材も製法もシンプルなぶん、すべてがじかに伝わってしまう。だから、微妙な差が決定的な違いにつながる。そこを踏まえて、武田さんは「お菓子だけを売っていてはいけない」と語る。「どんなときに食べるのか、どんな方に贈るのか、喜んでいただけたか。お客さまは、それに対してお金を払って下さっていると思います」。

なるほど、と納得する。中津川の栗きんとんがかくも全国から求められるのは、おいしさ以上の価値が伝わっているからなのだろう。さらに特筆すべきことは、中津川では、店それぞれが競争相手でありつつ、栗きんとんというお菓子を大事にする足並みが揃っていること。そこには、土地の気質も大きく関係しているんです、と説明するのは中津川市商工観光部部長（当時）、成瀬博明さん。

「中津川の人は、切磋琢磨して創造するタイプが多いんです。『下町ロケット』みたいに地道にがんばる。栗きんとんは、長い歴史のなかで自分たちが培ってきた商品として、みな自信を持っています。

だから、地元の菓子処に競争力があり、結果として販売力につながりました」
〝いいものだからお客さんは来てくれる〟という旧態依然とした思考方法では、とても次代には繋がっていかない。『七福』の安藤さんらの世代を筆頭に若返りを図って、栗菓子の探究に乗りだしています」

全国各地では地場産業の後継者不足が憂慮されているけれど、ここ中津川にあっては、「御菓子所 しん」の小笠原信さんを始め、若手が栗菓子づくりの研鑽に励んでいるのも特筆すべき状況だ。

JR中津川駅前の「にぎわい特産館」には、ここで生まれた画期的な商品がある。十四店の栗きんとん一個ずつの詰め合わせ「栗きんとんめぐり」ひと箱二千円（価格は年によって異なる）。お客にとってみれば夢の競演、店の枠組みを飛び超えた自由な発想は、成瀬さんによれば、観光協会会長を務めた故・前田青甫《はるとし》さん（ヤマツ食品前社長）によるものだった。そののち観光協会会長に就いた創業元治元年の老舗の菓子舗「御菓子所 川上屋」社長、原善一郎さんの尽力によって、じっさいの商品化が実現した。いまや「栗きんとんめぐり」は、岐阜県をアピールする有力株。地元が一体になって地域振興に力を注ぎ、行政がそれを後押しする理想的な態勢ができている。毎年十月末には中津川の「菓子まつり」が行われるが、三日間で約十五万人を集める一大イベントのなかにあって、栗きんとんは花形。他県から車で来て、ひとりで十万円も買って地方に送るお客も珍しくないというから、半端ではない。栗きんとんの賞味期限は平均三日間と短いけれど、それもわざわざ中津川に足を運ばせる魅力に転じさせているのだから、つくづくすごい菓子があったものだ。

ところで、栗きんとん以外にも、栗菓子はいろいろある。栗羊羹。栗納豆。栗きんつば。栗鹿の子。栗饅頭。栗最中……一年を通じて根強い支持をもっている。最近、中津川で人気が再燃しているのは、餅にきんとんの粉をまぶした郷土菓子の栗粉餅、栗おはぎ。手を加え過ぎず、あくまでも素朴なおいしさが好まれるところが、栗という実の真骨頂だ。ここ十数年、中津川のあらたな看板になっているのが、干し柿のなかに栗きんとんを射込《いこ》んだもの。ねっとりと柔らかな干し柿の果肉と淡い栗の風味が絶妙のコンビネーションで、一度食べると忘れられない。栗きんとんは九月に始まって年末年始には姿を消すけれど、そのあとを引き継ぐようにして、鮮やかな柿色の栗菓子が四月頃まで店頭を飾っている。「川上屋」でも「柿の美きんとん」と名をつけ、平成十五年に売り出した。

栗きんとんは、真空パックや冷凍保存に頼らず、あくまでも季節感を何より大切にしようというのが中津川に共通する流儀である。「季節感を大切にする町にしたい、と率先して栗きんとんを季節限定の商品に推進したのは、うちの社長（原善一郎）なんです。毎年九月になれば、半年以上待った、また中津川に行こうという思いを上げていただくことができますし、お客さまの感動も違います」と「川上屋」広報の森本彰さんが言う。

「年が明けて夏あたりまでは、それぞれが技術を磨く時期でもあります」

茶事にも重用される「川上屋」には、栗きんとんを蒸し羊羹でくるみ、竹皮で包んで蒸し上げた「さゝめさゝ栗」があり、銘菓として名高い。中津川では、みなが同志でありライバル。その気風を育んできた「川上屋」は、名実ともに栗菓子の牽引役だ。

もう一軒、「川上屋」と双璧をなすのが「すや」である。創業は元禄年間、江戸から下った武士、赤井九蔵が商った酢屋を前身とし、八代目萬助が栗きんとんを考案したと伝えられる。一シーズンで百二、三十トンの生栗を扱い、ピーク時は一日約五万個の栗きんとんを製造するという大店《おおだな》は、先陣を切って販路を全国にもとめた。十一代目の現当主、赤井良一さんによれば、すでに昭和三十年代、全国から注文を受けて発送していたというから時代を先取りしている。いまも広告一切なし、口コミだけで高名を築いてきた。

「信玄堂」の栗きんとんづくり。熟練の手技と、蒸した栗をひとつひとつ木ベラ（左下）で手掘りする伝統的な作業。

栗菓子処 信玄堂

岐阜県中津川市手賀野西沼271-3
Tel 0573-66-8111　Fax 0573-66-8113
営業　8:00〜19:00　年中無休
http://www.shingendo.com/

信玄堂

赤井さんが大事にしているのは「田舎のお菓子」にふさわしい侘《わ》びた風情、季節感、正統性。「売れるお菓子だけをつくっていると、昔からのお菓子が廃れていってしまいます。守らにゃあかんというのがうちのやり方で、新製品についても、いらいらするほど（笑）ゆっくりです。さすが『すや』だといわれるお菓子をつくりたいので、時間がかかります。一代にひと品かふた品、新しいものができれば御の字でしょうね」

栗菓子では、昭和六十年頃売り出した「栗こごり」がもっとも新しいというから、周到さは徹底している。流行やブームとは一線を画し、ひたすら石橋を叩いて渡る流儀。ただし、栗の手配には神経をとがらせ、当主みずから奔走するというから、栗を扱う以上、つねにみな横並びだ。

中津川のあちこちで、何度もおなじ言葉を聞いた。「栗は、すでにそれだけでおいしい。栗以上においしい菓子をつくるのは大変なことだ」

栗という価値を相手にする大変さがよくわかる。後押しする役目を果たしているのは、かつて交通の要所として栄えた土地の風通しのよさだと思った。自由でいながら、まじめで手堅い気風を体現する栗きんとん。何百年にわたって中山道中津川のひとびとを沸かせてきた稀有な菓子である。

御菓子所 川上屋

【本店】岐阜県中津川市本町3-1-8
Tel 0573-65-2072　Fax 0573-66-7634
営業8:00〜19:30
【手賀沼店】中津川市手賀野西沼277-1
Tel 0573-65-6410
「茶寮　栗乃舎」営業10:00〜17:00
http://www.kawakamiya.co.jp/

すや

岐阜県中津川市新町2-40
Tel 0573-65-2078 / 0573-66-2636
Fax 0573-65-6628
営業　8:00〜19:00 (9月〜12月は8:00〜20:00)
定休日　水曜日(9月〜12月は無休)
https://www.suya-honke.co.jp/

（上段）中山道の面影をのこす一角に「川上屋」本店はある。左は手賀野店のみで扱う栗粉もち。（下段）白井晟一の設計になる「すや」本店。右はかりかりとした歯ざわりが風流な栗こごり。

京都府

京都市上京区「出町ふたば」

豆餅

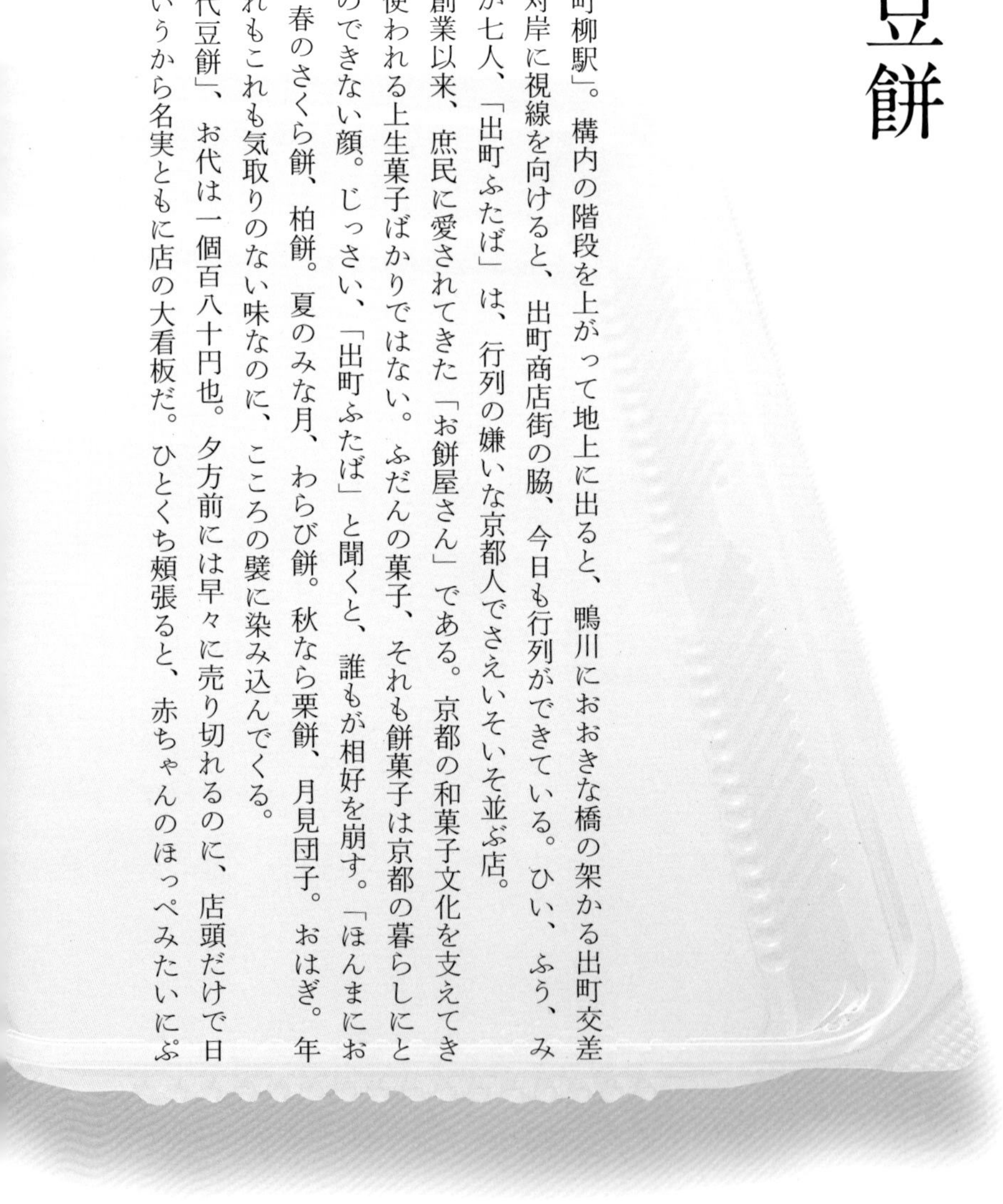

京阪電車「出町柳駅」。構内の階段を上がって地上に出ると、鴨川におおきな橋の架かる出町交差点に出る。その対岸に視線を向けると、出町商店街の脇、今日も行列ができている。ひい、ふう、みい……老若男女が七人、「出町ふたば」は、行列の嫌いな京都人でさえいそいそ並ぶ店。

明治三十二年創業以来、庶民に愛されてきた「お餅屋さん」である。京都の和菓子文化を支えてきたのは、茶事に使われる上生菓子ばかりではない。ふだんの菓子、それも餅菓子は京都の暮らしにとって欠かすことのできない顔。じっさい、「出町ふたば」と聞くと、誰もが相好を崩す。「ほんまにおいしおすなあ」。春のさくら餅、柏餅。夏のみな月、わらび餅。秋なら栗餅、月見団子。おはぎ。年中の赤飯……どれもこれも気取りのない味なのに、こころの襞に染み込んでくる。

とりわけ「名代豆餅」、お代は一個百八十円也。夕方前には早々に売り切れるのに、店頭だけで日に二千個出るというから名実ともに店の大看板だ。ひとくち頬張ると、赤ちゃんのほっぺみたいにぷ

ほかのどこにもない独特の魅力をたたえた
名代豆餅は、小ぶりに見えてずしり72g。
餅菓子は京都人のおやつのスタンダード。
近くにある京大の学生をはじめ、地元の
人びとが愛してやまない味。

にぷに。あの夢心地を思うと居ても立ってもおられず、そわそわしてしまう。赤えんどう豆はふっくら大つぶ。あっさり甘いこしあん。ぜんぶが口のなかで混じり合うと、天下無敵のおいしさだ。一個食べおえると、えもいわれぬ満足が押し寄せる。

豆餅の来歴は「出町ふたば」の歩みと重なる。明治期、四条大宮にあった「ふたば総本舗」から暖《の》簾《れん》分けのかたちで出町に店を構えたのは、初代黒本三次郎。そのとき考案したのが故郷の石川に伝わる豆餅だった。うっすら塩味をつけた餅のおいしさは、世に出るなり評判を呼び、大原あたりから洛中に薪や柴を売りに来る「大原女」がかならず寄って買っていくのも人気に拍車をかけた。

「一番よう並ばはったのは終戦直後の昭和二十、二十一年あたりです。向かいには道路もない時代でしたから、橋のたもとまで行列が続いてました」

現在三代目を守る黒本平一さんの舌には、当時の味がきっちり刻まれている。それは、初代から二代目、二代目から三代目へ伝承されてきた味。素材は変わりのない選り抜きで、豆餅の餅は滋賀の羽二重糯米、赤えんどう豆は北海道富良野産、あんは北海道十勝産小豆。もちろん製法もだいじに引き継いできた。店の佇まいにしても、初代が暖簾を掲げた明治期そのまま、支店を出すなど考えたこともないという。昭和四十一年、大阪から嫁いできた妻のあい子さんが言う。

「そのときから店の風情はおなじです。もう六十年も働いて自分の体でうちの味を覚えていた職人さんが退職しました。若い職人さんが増えましたので、たとえば米に塩を入れるとき、きっちり計量するようにしています。そうやって昔の味を継承してやってくれております」

女将さん自身も毎日エプロン姿で店頭に出て、接客から菓子づくりまで差配する。京都の老舗というとお高くとまった気のおける店をイメージしがちだけれど、「出町ふたば」の内実はまったく違う。値段はできるだけ安く、素材はいいものを使いたいから、包装は質素に。裏方の職人さん、おもての売り子さんたち、女将さん、身を粉にしてくるくる働く。肝心なとき手綱をぎゅっとしめるのは、当代目主人。役割分担しながら一糸乱れぬ仕事ぶりである。

豆餅ひとつ見れば、それがよくわかる。透明感のある餅の内側からまあるいツノがつんつん浮かんで、なにごとか語りかけてくるような豊かな表情。餅のなかに豆が埋もれているそこいらの大福とはわけが違う。女将さんにそう言うと、間髪を容れず、

「職人さんの手のなかに技術があるんです。手のなかで、こう、豆が上のほうに来るようにつくるんです。ヘラであんを押しこんでいるときに豆がうまくばらけて、最後に閉じるとき、きゅうっと引っ張るとお餅がうっすら豆に被さる。おいしいかどうか、かたちを見ればすぐわかります」

職人仕事のかなめを的確に把握している。豆餅をこしらえる職人さんは常時七〜八人。ただし、時代によって微妙に味わいを変化させてきたところが興味ぶかい。

「昔の顔してますけど、内容はちょっとずつ変えてます。全体に大きくなっていまして、豆も通常は二分四厘のところを二分六厘の大粒、数も増えています」

一個七十二グラムに、たくさんの手仕事が施されている。とにもかくにも「餅屋」の看板にかけて餅そのものがおいしいこと、これだけは譲れません、と二人は口を揃える。

「餅は絶対なぶらない。触り過ぎない。手は抜かず、無駄なことをしない——おじいさんの代から徹底しています。お餅は、ついこのあいだまで家庭でつくっていたものですから、それとおなじものをつくっていては買《こ》うていただけません」

なぶらない、つまり、いじめない。店内で搗《つ》いたばかりの餅に豆を混ぜこんだら、すばやく臼から作業台に移し、それっとばかり職人さんたちが周囲を取り囲んだ。手に手に一個ぶんの餅をきゅうとちぎり、中心にあんを入れて手早くくるむ。なるほど、餅が手に触れている時間はわずか十数秒、餅

はいぜん赤ちゃんのまま。

ほわっほわ、むにむに、できたてを手にのせると、確かな持ち重りがする。かぶりついて、はっとした。

この豆餅は、餅が主役なのだ。豆とあんは、餅をさらにおいしく味わうためのもの。

何度もできたてを味わっているのに、またしても思う。やっぱりこの餅、ただものではない。嚙むとキレがよく、コシもある。なのに目尻の下がる柔らかさ。ほのかな塩味が引き立てる風味には、米自体のおいしさが生きている。

「お客様は、やはり色が白くてつやつやしているのを好まれます。でも、ほんとにおいしいのは、ちょっと黄色がかった象牙色。まっ白は、ちょっと空気が入り過ぎなんです。気温が高い季節は餅はダレがちになりますが、そこをいつもの搗き具合に持っていくのも職人さんの技でして」

へんてつのない小餅、あんなしの豆餅も人気が高いのだから、京都のひとはようくわかっている。餅そのもののおいしさこそ「出町ふたば」のお家芸だ。

それにしても朝は早い。八時半の開店二時間半前、仕事がはじまるのは毎朝六時。まず、一日中つくり続ける豆餅の作業にかかる。ふた晩水に浸しておいた赤えんどう豆を木の蒸籠《せいろ》で蒸し、隣の蒸籠では、洗ってざるに上げておいた糯米を蒸す。両方ができたら、ただちに合わせて豆餅づくり。九時半になるころ、赤飯やおはぎに取りかかる。店の奥の作業場で、むだな動きもなく、それこそ阿吽の呼吸。職人さんたちが自分の裁量でつくる。どんどんつくる。

この日は夏の定番、みな月が着々と仕上がっていった。みな月は「水無月」。そもそも京都に伝わる六月のお菓子だが、ひんやり涼しげな食べ心地に人気があり、最近は八月過ぎまで栗をのせて店頭に並べる。生地は小麦粉と少しの米粉。まず生地を型に流しこんで蒸し、さらに大納言小豆と栗をの

（右上）蒸した糯米を石臼にあけ、（左上）木の杵で搗き上げ、赤えんどう豆を潰さないように素早く混ぜる。（下）あんをくるむ瞬時の動きにも、豆を見せる工夫がある。一抱えもあるあんの山がみるみる消えていく。

せて蒸し上げ、三角に切り分ける。

「そもそも厄除けのお菓子で、小豆は五粒くらいやったらしい。今みたいにぎっしり振るんは、うちの父親が始めたようです。なにしろ新しもん好きで、アルファベットで広告出したり、看板の字も左から配置し直したりしてました」

現在、みな月は白、黒糖、抹茶、三者三様のおいしさ。マイナーチェンジを怠らないのも、じつは老舗の得意技だ。昔には昔の、今には今のおいしさがあることを熟知しているということ。当代の店主が舵を取り、職人が的確に「出町ふたば」の味に仕上げてゆく。足並み乱れず日々粛々、あたりまえのように仕事を進めるようすを見ながら、老舗のすごみに触れる思いがした。

それにしても、職人さんの手の動き、指の動きのうつくしさよ。おはぎを担当している勤続八年めの松本さんは、じつは京都の饅頭屋の娘さんで、幼い時分から和菓子づくりに親しんできた辣腕だ。

「ごはんは柔らかく握ってしめます。力を入れてるような、入れてへんような。こうしてどんどん出来上がるのが、なんともいえず気持ちええねえ。お客さんが『もういっぺん食べたいの』『主人がこのが好きで』と買いに来てくださるのが、とてもうれしい」

店頭のにぎわい、日々の仕事の忙しさを自分の喜びや励みとして受け取っている。わたしは、松本さんの言葉を「出町ふたば」で働くすべての職人さんたちの実感として聞いた。

手間ひまのかかるあんづくり、これも自家製を守る。小豆を圧力釜で本炊きしたあと、蒸気と圧力をゆっくり逃がしながら柔らかくし、分離機にかけて中身と皮を分け、沈殿させて上澄みを捨てて水分を除いたあと、氷砂糖を加えてじっくり煮る……つねに二人がかり、忙しいときは早朝から五度、丹念に日に三百キロを炊き上げる。あんだけはほかから仕入れる店も多いなか、「出町ふたば」ではずっと自分のうちでこしらえてきた。

「ここのあんがさっぱりしていておいしいのは、余計なことをせず、正直にちゃんとこしらえているからです」

和菓子づくり三十年の経験を持つ職人、藤森さんが小豆を炊きながら言う。内輪の職人さんがみずから口にする「正直にちゃんと」が、がぜんリアルな意味を持つ。これぞ「出町ふたば」、三代目の考えは明快だ。

「山桜の若葉をええ加減で一年間塩漬けするから香りも出るのであって、塩を洗ったり薬品を使って青い色を出したりしたら、桜餅に若葉を使う理由がなくなってしまう。そういうところで頭よう、効率ようやると、だいじにしてきたものがぜんぶ台無しになると思うんです」

赤飯も、着色料一切なし、使うのは小豆の汁だけ。京都で手に入り難くなったよもぎや丹波栗も、よりよいものをもとめて手を尽くす。御所の水脈に通じている地下水も惜しみなくたっぷり使う。「出町ふたば」の仕事ぶりをつぶさに見ると、「余計なことをしない」ことも、信頼に応えるための見識なのだと気づかされる。

朝から夕方まで客足は引きも切らず。地元のひと、タクシーを停めて買っていく観光客、さまざまに入り混じって大繁盛だが、どんなお客にも対応は変わらない。

「ご先祖様のおかげと言うたらありきたりですかねえ。とにかく足を運んでいただくことがうれしい。男の子と女の子とひとつずつ豆餅買ってその場で食べてくれはったり、お子たちが『おばあちゃん豆餅買うてえ』とねだったりする様子を見ると、なんとも言えずうれしいんです。家族五人なら、そのうち一人が列に並ばはったら効率的かもしれませんけど、うちとしては五人がショーケースをのぞいて、あんなお菓子もあると知ってくれはったら、そっちのほうがありがたいと思うてます」

だから、あい子さんの口ぐせは「ひとつだけ買うお客さまを大事にしてな」「売っておしまいではなく、持ち帰ってお召し上がりになるときが始まりなんやから、お菓子を丁寧に扱こうてな」。

生菓子は、京都の暦をめぐる存在でもある。まずは一月の鏡餅や雑煮にはじまって、二月は節分の餅、三月四月は雛祭りやお彼岸、卒入学の赤飯。秋ともなればお彼岸のおはぎ、月見団子、十一月は神様からのおさがりのお火焚《ひた》き饅頭、十二月は正月準備の事始め。暦が変われば、生菓子も変わる。そのぶん京都では、家庭と「お餅屋さん」の結びつきはとてもつよい。「出町ふたば」の町内会でも、昔にくらべてずいぶん小規模にはなったとはいえ、昔ながらの慣習が大切にされ続けている。地蔵祭りのときは餅に十字の印やお地蔵さんを紅で描いて配り、応仁の乱勃発の地とされる御霊神社のお祭りでは、こどもたちにお菓子と赤飯を配る。

「京都の暮らしのお手伝いをする、三代を通じてそんな気持ちで生菓子をつくってきました」

四代めにあたる息子、耕史《こうじ》さんが現場で菓子づくりを率い、妻の亜衣《あい》さんも店先に立つ。こうして京都の味は次代へ継承されてゆく。

この町の名は青龍町。御所からの方角は丑寅、つまり鬼門にあたる。出町の交差点に立つと清々とした心地を味わうのは、かつてここが気を逃すだいじな広場と考えられたから。間近に大文字を仰ぎ、鴨川が流れ、御所も下鴨神社もすぐ近く。「出町ふたば」は、京都そのものに守られるようにして、こんにちまで暖簾を掲げてきた。

豆餅ひとつ百八十円、京都百十余年のありがたい味。

出町ふたば

京都市上京区出町通今出川上ル青龍町236
Tel 075-231-1658
営業　8:30〜17:30
定休日　火曜・第4水曜（祝日の場合は翌日）

名代豆餅

1個　180円
福豆大福　190円　田舎大福　190円
よもぎ団子　150円　かぶき団子　180円
ほか。季節限定のお菓子も各種。

いつも活気に満ちたふたばの店先。その場で頬張る旅行者の姿も。（左下）半搗きの道明寺とこしあんを山桜葉2枚でくるんだ春の香りのさくら餅。1月から4月いっぱいの販売。（右下）春秋のお彼岸の時期のおはぎ。ふたばでは小型は丸くむすぶ。きなこと青海苔の中はこしあん、ごはんをあんでくるむのはこしあんと粒あんがある。

長崎県

五島列島・新上五島町「五島手延うどん協同組合」

五島うどん

五島《ごとう》列島に初めて旅をした二年前のこと。運ばれてきた鉄鍋のでかさにひるんでいると、たぎった湯に白いうどんがばらばらと放たれた。いったん鍋のなかが静まったのち、ふたたび沸騰すると、芸当のようにはじまる白い回転。くるくる、くるくる、対流に乗って円を描きながら、しだいに麺の肌が艶を帯び、むっちりとふくれて変化してゆく。ずっと眺めていたい光景だった。

「五島に来たら、地獄炊《じごくだ》きを食べてもらわんと」

島育ちのひとが言い、煮えたつ光景を目を細めて眺める。ぼこぼこと煮え立つ光景は、たしかに地獄かも。勧められるまま椀に生卵を割り入れ、しゃかしゃか溶きほぐしながら浮き足だった。

初めての地獄炊き。初めての五島手延べうどん。細くてしなやかなのに、ぐいっと強い引きのあるコシがすごい。なのに、くちびるをやんわりとなでる感触。西方の海上にこんなうどんがあったのか。稲庭うどん、讃岐うどんと肩を並べる三大うどんと聞いてはいたけれど、一切ひけをとらない個性の強さにたじたじとなった。

ただ、五島うどんは手に入りにくい。幻のうどんと言われるのは、手間ひまのかかる手延べで、数が限られているため、島の外まで出にくいから。島内では三十六のつくり手が鎬《しのぎ》を削っており、さらには、五島が日本のうどんの発祥の地だという説も耳にする。

長崎空港を経由し、港から高速船に乗りこんで波間をひた走る。ジェットフォイルに乗って大波小波を上ったり下りたり、海流のはげしさに身を任せながら五島列島の遠さを実感していると、一時間半も走ったころ、行く手に黒い島影が現れた。

長崎県五島列島、新上五島《しんかみごとう》町はキリシタン信仰の土地でもある。五島にキリスト教が伝えられたのは永禄九年（一五六六）。そののち江戸幕府が禁教令を発布、大村藩から移り住んだ信者たちは隠れキリシタンとして生きることになった。島を散策していると、こころ安らかな空気を感じるのは、現在も明治から昭和にかけて建造された二十九の教会が点在し、信仰が守られ続けているからだろうか。

船の出入りを見守るように建つ教会を巡り、小さな港をつたいながら歩いていると、リアス式海岸に囲まれた島の暮らしが少しずつ見えてくる。この島で〝だし〟といえば、アゴだし。五島うどんにしても、アゴだしがなければ始まらない。

湾内で獲れるアゴ（トビウオ）は島の大切な財産だ。新魚目《しんうおのめ》町漁協組合を訪ねてみると、地元の女性たちが焼きアゴづくりに大わらわである。上げてすぐ冷凍保存しておいたアゴを千七百度で焼いたあと、五日間かけて乾燥、だし用に加工したもの。組合の業務部、大谷和生さんが言う。

「お盆明け、北東の風が吹くと有川湾内にアゴが入ってきます。本格的な漁期は例年九月、二艘引きの船を日の出とともに出して、いっせいに獲ります。漁獲高は毎年変動しますが、平成二十一年度は例年の三分の一以下、焼きアゴさえつくれなかった。二十三年、二十四年は二百五十トンまで回復しましたが、以降だんだん減っているのが現状です」

コトビ、マルトビ、カクトビ、大きさによってアゴを呼び分ける。ブリ、ヒラマサ、アジ、イカなどとともに、アゴは島にもたらされた海の恵みである。汲み上げた海水を釜炊きにし、塩をつくるのも、島に伝来する生活技術のひとつだ。

陸に目を向ければ、緑の恵みがふんだんにある。島のあちこちに自生するヤブツバキ。その種子からつくる椿油は、遣唐使によって不老不死の仙薬として中国に献上されたと伝えられる。現在は、伊豆大島に次いで全国二位の生産量を維持する。かつては、それぞれの家庭ごとに種子を集め、自家製の椿油を採っていた。まず種子を天日で乾燥させてから砕き、じわじわと抽出した液を釜で焚いて製油、保湿剤や整髪料までさまざまに利用できる万能の油。うどんづくりの材料にも活用されており、生地を製麺して細長く延ばすとき、麺がくっつかないように塗る油のひとつでもあるのだという。島を歩くうち、少しずつ五島うどんに近づいてゆく実感があった。

さらには、日本のうどんの歴史にも深い関わりがありそうなのだ。そもそもうどんの製麺法は遣唐使によって日本にもたらされたとされるが、その土地こそ、遣唐使が上陸した上五島の船崎だという説がある。人口二百数十人、湾に面した船崎では、かつては住民のほとんどがうどんを打ち、おなじく遣唐使が上陸した中国浙江省では、五島うどんとおなじ麺づくり法が見つかるという話にもロマンをかきたてられる。

柔らかな風が吹き渡る船崎の朝。家のなかでは、日の出前からうどんづくりで忙しい。名人と評判の高い平岩家を訪ねると、夫の勝行さんと妻の和野さんが早朝四時に踏み終えた生地を点検し、真剣な面持ちだ。

「もう少し寝かせたほうがいい?」

（左下）椿は2～3月が開花、9月以降に実を収穫する。新上五島町振興公社では、島の椿の実だけを搾り、椿油をつくっている。（右下）中通島北部の湾に9月、トビウオが入ってくる。これを加工した焼きアゴは、全国から引っ張りだこ。

「そうかもしれん。今日は温度が低めやな」

うどんづくりは、いつも夫婦いっしょの共同作業だ。五十歳のとき福岡から船崎に戻ってきて、叔母から手延べの製法を伝授してもらって、約二十五年。もともと船崎のうどんづくりは乾燥に適した北西の風が吹く冬場だけだったが、近年は人気に応えて年中つくるようになった。そのぶん気温、湿度、太陽や風の具合、すべて毎日違い、いっそう気が抜けない。ことに夏場、気温や湿度が高いと熟成がどんどん進み、うどんがちぎれてしまうのだという。その日の天気しだいで、小麦粉、塩、水の分量を微妙に変えなければならず、つくるたびにひと苦労だ。

「おなじ分量でも、日によって生地が硬めに仕上がるときもあれば、その逆もある。見た目で生地の出来を判断しながら、うどんづくりの工程のなかで細かく調整しています」

うどんは生きもの。この言葉が思い浮かんだのは、生地を切り回し、細めてゆく作業に入ったときだった。足で踏んでぶ厚い円形に均《なら》した生地を寝かせ、鎌で渦巻き状に切り、太い紐状にした生地をボビン状のコマに送りこんで少しずつ細め、表面にまんべんなく油を塗る（154頁❶❷）——ふたりが阿吽の呼吸で手を動かす数時間のあいだに、白いかたまりが着実に熟成を深めるのが見てとれた。ふっくらと光沢をまといながら生命力を得てゆくうどん。五島うどんは生きものなのだ。

さらに目を見張ったのは「かけば」と呼ぶ作業に入ったときだ。壁に据えた二本の棒に向かい、紐状の麺に撚《よ》りをくわえながら、速攻で8の字に掛けてゆく。撚りをかけることで麺にまんべんなく圧力がかかってグルテンが強化され、独特のコシが生まれる。試しにこのときの麺に触れてみると、すでにグルテンがしっかり繫がっており、引っ張ってもびくともしない。うどんの内部に宿る、生きものの意志なのか。その意志と通じ合っているかのように、目にも止まらぬ速さでリズミカルに手が動く。人馬一体ならぬ、人麵一体。

「今日は何本かけたとかさ、おたがい負けられんという感じ」

「早く巧くなったのは父さんやね」

「でも、最近は逆転されちょる。スピードは私があるばってんが、やっぱり質からいえば母ちゃんのほうが巧い」

掛けかたにムラがあると、乾き上がったとき太さにばらつきが出るし、切れやすくなる。ひとつひとつの工程を精密にこなさなければ、味が左右されてしまうから気が抜けない。

五島うどんの最難関は、乾燥段階にあるという。熟成度を増した細い麺を背丈以上もある機《はた》に吊して乾燥させるわけだが、つねに時間勝負。夜明け前から生地づくりを始めるのは、この機掛けを午前中に終わらせ、手早く乾燥に進めるための逆算があるというから恐れ入った。

いっせいに機に吊され、細い簾が幾重にも連なるさまは天女の羽衣のように美しい。自分の重みで自然にまっすぐ延びさせ、ひと晩かけてゆっくりと乾燥させるのだが、その日によって、窓の開け方、風の通し方にも工夫を凝らす。つまり、風を読む。天気を読む。

「明日あたり、雨が降るんかな。今日はむしむししとんやね。おとといは風が強かったから窓ば閉めてやったけどね」

つくり始めたら、途中であと戻りできない。自分の感覚を頼りにしつつ、麺の声に耳を澄ませるのが昔ながらの手延べの技なのだ。いまは扇風機やエアコンも駆使して自分なりの工夫をほどこすけれど、昔は天日干しだけだった。

「近所のおばちゃんが通りがかりに『今日はよかね、風がよくてうどんがつくりやすかね』とか言うてね。みんな自分たちの感覚を知ってる」（和野さん）

「ここのうどんは、ずうっと昔から女性がしてきとっちゃ。父ちゃんが船に乗って稼いできよる。家

平岩うどん
長崎県南松浦郡新上五島町船崎郷435
Tel/Fax 0959-52-8473
1束250g　300円。ご注文は10束より。

1
NIPPN

2

3

4
NIPPN

5

五島の手延べうどんの伝統的製法。1時間寝かせて踏み、コシを出した生地を、1 切って少しずつ細くする。2 たらいに渦巻き状に納め、油を薄く塗ってさらに寝かせる。3 撚りをかけながら2本の棒に8の字に掛ける。4 1時間寝かせて熟成させ、引き延ばす。(左頁)機かけで乾燥させる。道具はすべて、平岩勝行さんがこしらえたもの。

ば守っちょう奥さんたちが、畑をしながらうどんをつくってきた」（勝行さん）

船崎に伝わってきた技術は、夫婦が力を合わせてつくる味のなかにある。

船崎のうどんづくりは、五島うどんそのものに磨きをかけたといえるだろう。かつて船崎の女性から手延べを教わり、その基本を守りながら、五島うどんの発展に力を注いできたひとがいる。「ますだ製麺」の舛田安男さん、七十歳。五島手延うどん振興協議会の役員も務めた中心人物だ。三十二歳のとき家業のアイスクリーム屋から転身、惚れこんだ五島うどんを広めたい一心で、妻の美枝さんといっしょに全国を回ってデパートで実演販売をした経験を持つ。手延べの技術を深めるために島原の素麺づくりまで勉強した舛田さんは、みんなが切磋琢磨することが大事だから、と島内の青年たちに請われて自分の技術を授けてきた。

七目地区にある舛田さんの工場を見学すると、五島うどんへの思いが迫ってきて、胸が熱くなった。船崎の平岩さん夫婦宅で行われていたのとおなじ、手延べの工程は機械が行っているのだが、すべての機械は人間の手わざを実現させたもので、人間の目が行き届いて微調整をはかっている。かけ機にはそれぞれ従業員の、メインの機械には「安男」「美枝」の名札が！。

始業時間は早朝四時半。生地をこね、足踏みに相当する作業を専用の機械がこなし始める。紐状に延ばす「こなし」、8の字に掛ける「かけば」、各工程をじっくり観察していると、あたかも機械と人間がいっしょに肩を組んでうどんをつくっている様子に見えてきて、ほほえましい。

「生地を寝かせる時間をじっくり取り、丁寧に熟成させながら一本の糸に仕上げていくのが手延べの仕事です。オートメーションでつくる〝機械うどん〟とはまったく違う。うまいうどんの基本は多加水熟成。三十五年かかって、『ますだ』の味をやっとここまで育てました」

苦労して五島うどんに打ち込んできた舛田さんならではの言葉だ。一日に使う小麦粉は二十八袋

（ひと袋二十五キログラム）。大手メーカーと勉強会を重ねて五島うどんのために開発した粉だ。一ヶ月の平均生産量十四トン（繁忙期は五割増）、質も量も、自他ともに認める五島うどんの牽引役である。

「そもそも特産品とは、古くから地元に伝わっているもので、地元のひとがよく食べ、かつ全国に知られているもの。五島のひとは学校を卒業して他県に出るから、地元からアゴ、かんころ餅、うどんを送る。南氷洋捕鯨に出たひとも、東京あたりで五島うどんを広める。そういう地道な口伝えがあって、少しずつ広まっていきました」

　細くてコシがあるのに、ふんわりとしてまろやか。不思議な食べ心地の五島うどんは、一度食べたら忘れられなくなるインパクトがある。平成に入ったころテレビの人気番組で取りあげられ、一気に注目を浴びて知名度を上げた。しだいに生産量が増え、いまや五島うどん全体の年間売り上げ額は約十億円にのぼる。島のうどんを守り続ける大小の製麺所にとって、大きな可能性を秘めた数字である。

「五島手延うどん協同組合」は、結成されて三十六年になる。三十六の製麺所のうち最も古く、親から子へ、孫へ手延べの技術を引き継いできたのが、大正八年創業の「太田製麺所」。現在は三十代の太田充昭さんが四代目を守っている。太田さんは、九十五で亡くなった祖父が直前まで楽しそうにうどんをつくっていた姿が忘れられない。

「うちのじいちゃんは『九十幾つまでうどんつくっていても、毎日が難しか、おもしろか』と言っていました。僕自身、そう思います。やっていて本当に飽きない。天気を見て、塩を足したり引いたり粉の配合を変えたり、つくり手の感覚ひとつ」

　毎日おなじうどんはできない、つくれない。そこが手延べのおもしろさ。

「だから、五島の天候も味のひとつなんです。それも含めての、五島うどんです」

五島手延うどん協同組合

長崎県南松浦郡新上五島町有川郷428-31
Tel 0959-42-2655　Fax 0959-42-2998
http://www.goto-udon.jp/

五島うどんの里

住所・Telは左に同じ
営業　8時半〜17時
五島うどん茶屋　遊麺三昧
営業　11時〜14時30分

島にいるあいだ、地獄炊き、かけうどん、ざるうどん、アゴだしといっしょにちゅるちゅる飽きずに啜り続けて、ようやくわかってきた。一杯の五島うどんの味のなかに風、雲、雨、太陽。島の自然も歴史も文化も、ぜんぶまるごと詰まっている。島のひとびとは、船の上、畑仕事や家事の合間、家族の団らん、茹でたてをささっと啜りこんでは、島の暮らしを営んできた。

船崎の集落を海側から見上げると、かつては天日干しをする機があちこちで白い衣を広げ、光を受けてきらきらと輝くようだったという。その神々しい風景を思い浮かべながら、つややかな五島うどんを、またちゅるちゅると啜った。

(上)鯨うどん。五島の歴史がつくりだした濃厚な味。(下)有川港ちかくの「五島うどんの里」売店には、地元で生産されているうどんがずらり100種。(左頁)地獄炊きはたっぷりの熱湯に乾麺を投じたら箸で廻し、あとは沸騰の対流にまかせる。「引き上げるときは、一口分ずつ。熱々でツユもよく味わえるから」と舛田安男さん。アゴだしや溶き卵をつけて。

ますだ製麺竹酔亭
長崎県南松浦郡新上五島町七目郷449-1
Tel 0959-42-0821 Fax 0959-42-3511）
http://masudaseimen.shop24.makeshop.jp/

沖縄県

北中城村「カナ」

イラブー汁

その熱い汁の記憶は強烈だった。不透明な土色の熱い汁。似た味がどこにもない。滋味という言葉の枠組みを破る破格の味。しかし、粗野でも無骨でもない。背中にぽっと灯りを灯し、ふしぎな感覚に囚われて鏡をのぞくと目が潤んでおり、それまでの風邪の気配が消えた。はじめて琉球料理店「カナ」のイラブー汁を味わったときの経験である。

沖縄には「ヌチグスイ」という言葉がある。食べものは生命を育む薬。イラブー汁もまた古来から尊ばれてきた「ヌチグスイ」であり、先達から手渡された珠を磨くようにして「カナ」はイラブー汁を守ってきた。最後の汁一滴まで、どこまでいっても味のなかにそのまた奥がある。神々しかった。

イラブー汁のほんとうを知るためには、まずイラブーを知らなくてはならない。わたしは、晩秋の久高島《くだか》に向かった。

沖縄本島の東南の海上、隆起珊瑚礁のちいさな島影があらわれた。魂の不滅を信じ、魂が再生する

場所を海の彼方の異界ニラーハナーに求めてきた人々の住む久高島。母神を守護神とし、十二年ごとの午年《うま》におこなわれる祭祀イザイホーでは、三十歳から四十一歳の女性が神女となる。その頂点に立つノロが祭祀を執りおこない、五百年にわたって島の秩序が守られてきた――その歴史を知っていても、知らなくても、この清浄な空気はとくべつなものとして肌に触れる。しかも今夜、伝統のイラブー漁を目にすると思うと、徳仁港に降り立っただけで身が引き締まった。

久高島のイラブー漁は旧暦の六月二十四日から十二月、夜中の潮が動く時間帯におこなわれる。産卵のため島に定期的に上がってくるエラブウミヘビ、つまりイラブーは神が島にもたらす贈りもの。かつては捕獲したイラブーの所有権はノロ家含め三家に限られた。ノロ制度が働いていたむかしは二組の夫婦だったが、いま漁を担当するのは二人の女性、独自の技術をともなう焙乾作業に携わるのは二人の男性だ。イラブー漁はだいじな伝承文化であり、島の貴重な現金収入でもある。

夜のとばりが降りると、内間《うちま》ミヨさん（七十四歳）と古波蔵《こはぐら》節子さん（六十九歳）が「さあいこうかね」。星月夜、連れだって海へ向かう道を歩きはじめた。

夜七時、二人は傾斜のはげしい岩場を降り、左右に分かれる。ミヨさんは入り組んだ岩場の途中、節子さんは波の寄せる洞窟のなか。あたりはしいんと静まり返って、波音だけが耳に響く。

気配を殺し、暗闇でイラブーを待つ。イラブーと人間との闘いの火ぶたが切られた。イラブーが接近すると、耳はしゅるしゅると空気を摩擦する音を捉えるが、頼りは勘と忍耐力。ときおり、狙いをつけた場所を一瞬だけ懐中電灯で照らして姿を探る。とはいえ、ハブの二十倍もの猛毒を持つイラブーが相手である。いったいどうやって捕獲するのか訝しんでいると、七時半過ぎ、ミヨさんが照らした光の輪のなかでにょろっと長い影が動いた。ミヨさんは電光石火の動きで岩場の隙間へ半身を押し入れ、手を伸ばし、まもなく引くと、イラブーが首ねっこを指先で押さえられて長々とぶら下がって

いる。むっちり太った青と黒のだんだら模様、クーガーと呼ぶ上物である。ほんとうに素手で摑むとは。啞然としていると、ミヨさんは慣れた手つきで布袋に素早く押し入れた。

一時間経過。いっぽうイラブーガマ（洞窟）では、節子さんが砂の上にぺたりと這いつくばって複雑に入り組んだ内部へ。潮が引きはじめれば、産卵をしにきたイラブー、産卵を終えて海に戻るイラブーが、あたりをにょろりと這っているはずだ。しかし、あせりは禁物。「なんとなく大物が来る気がするんよ」。闇のなかで節子さんが囁いた。無数の星がことの成り行きをじいっと見守っている。

不意にあたりの空気が緊迫した。ザッと動くすばやい音。そののち、異様な静寂。二分。三分。なにも見えない、聞こえない。不安に襲われはじめたそのとき、目の前に節子さんがぬっと姿を現した。

（右頁）イラブー漁は夜、女衆は潮の満ち引きをはかり、イラブーを狙って待つ。（上）イラブーを燻製にするのは男性の役目。首を打って締め、茹でて鱗を落とす。薪でじっくり2週間かけて燻すと、黒檀のように仕上がる。

差し出した親指と人差し指のあいだに押さえられた、イラブーの頭。

「やっぱり大物だった。格闘したよ」

またしてもクーガー。急所を押さえられて観念しただんだら模様が、今夜の月明かりにぬめって光った。

翌朝。久高殿《ウドゥンミャー》の近くに足を運んだ。久高島のシンボルであり、祭祀がおこなわれる特別な久高殿のすぐそば、捕獲したイラブーのケージと焙乾家《バイカンヤー》と呼ばれる燻煙場がある。

屋根の低い一辺五メートルほどの正方形の小屋の扉を開けて覗くと、ぎょっとして腰が退けた。天井も壁も、コールタール状の黒い粘りがびっしり。イラブーの脂と煤である。丸二週間ぶっ続けで燻す作業は、毎晩の漁を重ねてケージのイラブーが二百匹に達した頃合いを見計らう。ちょうど五日前に焙乾を終えたばかりだという小屋はもわりと生暖かく、漂う濃い薫香はかつおぶしを連想させた。

焙乾の手法も、伝来の独特の技術による。焙乾当日、生かしておいたイラブーを熱湯でゆで、ウロコを取り、内臓を除き、粗熱を取る。燻す材料は島に自生する木の幹を切った薪、うえに撒くアダンの実、仕上げに被せるのはモンパの葉。

「ぜんぶ自分たちで集めて半年前から準備するのよ。薪に火をつけて灰のなかに置くと、しみじみ燃えてゆく」と、火入れ責任者の外間《ほかま》栄光《えいこう》さん。いっしょに窯を守るのは並里《なみさと》和博《かずひろ》さんだ。

棚に、アダンの根で縛って伸ばしたイラブーが並ぶ。着火した薪を入れるのは一日め、三日め、五日め。火を絶やさないよう煙の様子を観察しながら、朝夕二回、棚の位置を微妙に調節するのも長く培われてきた技術である。昼夜を分かたずえんえん燻し抜くこと二週間、できあがりのタイミングは自分の指で硬さを確かめて判断するという。

「先代から見よう見まねで覚えて十六年めなんだが、以前は年に最高十三回焙乾したもんよ。今はねえ、ずいぶん漁が少ないさ」

真っ黒な棍棒と化した一本ずつ、タワシで丁寧にこすって灰を落とし、ぴかぴかに洗い上げる。海では素手にはじまり、火を介しては素手に終わる。神からの授かりものを扱う礼節を感じた。

中頭《なかがみ》郡北中城村《きたなかぐすくそん》。我謝孟諄《がしゃもうじゅん》さん（七十四歳）、藤子《ふじこ》さん（七十七歳）夫婦が営む琉球料理店「カナ」は、細い坂道を上がった高台にある。二〇一二年のある日、扉を開けると、遠来のお客ものんびりなごむウチナー時間。那覇市久米で福音喫茶を開く準備をしていた八一年、イラブー汁と出会った。その地で二十年、いまの北中城村に移って十一年目を数える。

「お父さんは若いころフランス料理をやっていたからイラブーなんて大嫌いでね、わたしがつくりはじめると機嫌が悪くて、毎日もう大変でした。おたがいこんなつらい思いをするならもう辞めようと道具を片づけはじめると、新島正子先生（琉球料理研究家の第一人者）や沖縄第一号の女医さんがいらっしゃったり、お客さまから予約が入る。ああまた辞められない……その繰り返し」

少女時代から所属する教会活動のなか、四十七歳のときに藤子さんはイラブー汁と運命の出会いをした。こんな魅力的な味が、こんなにもむずかしい、人間に挑みかけてくる理屈を越えた複雑さに魅入られたのである。藤子さんが使うイラブーは、燻煙に三週間かける石垣島の金城正昭《きんじょうせいしょう》さんの手によるもの。一杯のイラブー汁をこしらえる長い道のりは、タワシと重曹で燻製についたヤニを洗い落とし、カッターでごりりと寸断する力仕事からはじまる。

藤子さんは、身を削るようにして、気持ちのありったけを料理に注ぐ。言葉で表すなら、献身。じっさい藤子さんはたびたび口にする。

「自分の大切なひとに食べさせる気持ちでつくっています。手が抜けないのはわたしの性分」

琉球王国の宮廷料理として珍重されてきたイラブー汁。カナでは、イラブー、チマグー、昆布の伝統的な3品だけをつかう。（左頁）吟味した素材、身を削るような細かい作業は2日間におよぶ。我謝孟諄さん、藤子さんの2人が三十数年たゆまず、比類のないイラブー汁をこしらえてきた。

藤子さんの料理の一部始終を見ると、頭が下がる。伝統に基づいてイラブー、チマグー(豚の足先)、クーブ(昆布)の三つを使うのだが、布に運針をほどこすかのような細密な下ごしらえ。だしのかつおぶしの量も半端ではない。たとえば肉厚のチマグーの毛を一本残らず剃り、爪の奥まで丁寧に洗う様子は、だいじな赤子を風呂に入れる親のよう。素材への信頼のかけかたからして、わけが違う。

七、八センチの長さに寸断したイラブーを水からことこと五、六時間炊き、あくと脂をすくいながら下煮した汁を飲ませてくださった。藤子さんが鍋のそばにつきっきりで面倒をみた、イラブーの純粋無垢なエキス。おずおず啜ると、たっぷりとした重量感をともなって、密度濃い味が舌の上に腰を下ろした。苦みもえぐみもない。怪味でも魔味でもない、珍味ともいいたくない風格。これが、島の滋養強壮の宝なのだ。まもなく私は全身にぬくもりを感じ、背中にうっすらと汗をかいた。

「最初の煮汁がいちばん大事なの。急いで炊いちゃこの味がでなくてね、いつも頭のなかでいい方法を考えています。いまだに完全じゃないです」

下煮したイラブーの骨を外し、身が崩れないよう二本ずつレース糸でくくる。いまでは縦横に圧力鍋を活用して時間を短縮できるようになったけれど、以前は鍋のそばですべての段階に付き添ってきた。あまりにもガス料金が高くてガス漏れではないかと周囲に心配されたのも、眠る間がなくて夜明けしか見たことがなかった苦労も、いまではようやく笑い話になった。

「でも、お客さんのためだけではないと思います。やはり、自尊心がくわわっているかもしれない。けったいなもの出したら、自分たちが済まん」

イラブー、チマグーをそれぞれ煮上げ、最後に結び目をつくったクーブを入れて合わせ、丸二日間かけてようやくイラブー汁の体《てい》をなす。この日は、孟醇さんが塩加減を決めた。連れ添って四十七年、「カナ」のイラブー汁は夫婦ふたりで打ち立てた金字塔だ。現在は、「カナ」を引き継ぐためにアメリ

カから帰国した娘のいずみさん、夫のアレックスさんが藤子さんを助けながら厨房を守っている。
いよいよイラブー汁が出来上がろうとするとき、私は信じがたいものを見た。チマグーをイラブーの汁と合わせる直前、藤子さんは豚足の小さな軟骨を指で丁寧に除くのである。
「この骨の穴にもスープが入るでしょう。少しでもたくさんあげたいですからね。イラブー汁はスープが命です」
熱い汁を飲みながら、ありがたさがこみ上げた。琉球の海が身体のなかに流れこんでくる。

イラブー料理 カナ

沖縄県中頭郡北中城村字屋宜原515-5
Tel 098-930-3792
営業　17:30〜22:00　金曜・土曜のみ　要予約
定休日　日曜・月曜・木曜
http://irabu-kana.com/

イラブー料理

イラブー汁定食　3800円
カナ定食　4500円
ほか

あとがき

土地の記憶をまるごと食べる

初めて大阪の蒲鉾を食べたとき、華やかな味だなあ、とびっくりした。にぎやかで、味の奥のほうに艶っぽさがある。蒲鉾を食べて華を感じるなど想像もしたことがなかったので、なんだか動揺してしまった。ふだん食べている関東の、たとえば小田原あたりの蒲鉾は味わいがすっきりしていて、蒲鉾は華とか艶とは縁がないと思っていたから。

それが、難波戎橋筋「大寅蒲鉾」の蒲鉾だった。何年も味わい続け、やっぱり惹かれる気持ちを抑えられず大阪を訪ねると、また驚かされた。明治九年創業のこの老舗では、仕入れた鱧やグチなど生魚を朝一番に一尾ずつ包丁でおろし、削いで白身を取るところから蒲鉾づくりを始めていた。昔ながらの作り方、といえばひと言ですんでしまうけれど、じかに見た「大寅」の蒲鉾づくりの一部始終にいちいち目をまるくした。御影石の石臼のなか、氷の玉を浮かべながらすり身を練る光景は、見たことがないのに、なぜかなつかしさを感じた。「よその蒲鉾屋さんの三倍の手間がかかる」。でも、「これほど昔のやり方にこだわるのは、会長の口をごまかすことは不可能だから」。現場の声にくすりと笑ったが、いや、それが本当のところなのだろう。浪花に生まれ育ったひとの味覚が、蒲鉾という食べ物をつうじて土地の記憶を伝えている。本店の軒先に並んでいる鱧の皮は、大阪庶民が愛してやまない夏の味だ。

電話一本、コンピュータのクリックひとつで遠くの産物がすぐ届く流通システムにあらがうつもりは毛頭ない。もちろん、私もその恩恵にあずかっている。けれど、じっさいにその味が生まれる過程を目の当たりにすると、ひとつぶの梅干しに凝縮されている土や木々や風、炎天の暑熱、手摘みの労力、紫蘇を揉んで滲むえぐい汁、雲行きを見ながら神経をとがらせる天日干し、いちいちが味のなかに入っていることをいやというほど実感する。繰り返し思うのは、この味は、この土地でなければ生まれ得なかったのだという事実。そして、おなじ空気を吸い、おなじ水を飲んで生きてきた人々だからこそ、梅干しになるために梅が要求していることがわかる。つまり、どこの誰より梅と梅干しについて理解している。それは、奈良漬でもわさびでもチーズでも柚子でもオイルサーディンでも栗でも黒豚でも、道理に変わりはない。べつの言い方をすれば、土地を熟知している者が、土地の「すごい味」を生み出す。

ただし、自然はいつも親切なわけではないことも、取材のさまざまな局面で思い知らされた。手痛いしっぺ返しの現実は、自然に向き合う仕事の困難さであり、土地に根ざす生業が課した厳しさである。どんな「すごい味」にとっても。

日本の寿司のルーツともいわれる鮒ずしを十七代にわたって手がけてきた琵琶湖湖西「喜多品老舗」が、取材後の二〇一二年、廃業したと聞いたときの衝撃は言葉にならない。琵琶湖で獲れるニゴロブナが激減し、これでは将来が立ちゆかないと断腸の思いで決断したと新聞で知った。ところが、伝承の途絶を惜しむ支援先が名乗りを上げて復活。十八代目を担う北村家の長女、真里子さんによって家業は生き長らえた。その落胆と勇気と希望の歴史も、きっと今日の鮒ずしの味に潜んでいるだろう。沖縄「カナ」でも、長女のいずみさんがアメリカから里帰りして、イラブー汁の味を引き継いだと聞く。沖縄に行ったら、真っ先に訪れたい。

同時刊行の一冊「おいしさは進化する」編でも巻末に記したが、本書は、出版企画部、担当編集者の疇津真砂子さん、写真家のみなさま、雑誌初出時から単行本化までデザインを担当してくださった島田隆さん、みなさまの力がなければ成立し得なかった。また、現在は雑誌のかたちでは存続しないが、季刊誌「考える人」創刊から編集長を長らく務められた松家仁之さん、〇九年より引き継がれた河野通和さんにも心から御礼を申し上げたい。

こうしているときも、比良の山奥で熊はのっそりと歩き、吉備高原の牛たちは草を食んでいるだろう。その様子を思い浮かべると、いますぐ飛んでいきたくなる。

二〇一七年　秋　著者

【初出について】
本書は季刊誌『考える人』2008年夏号〜2016年夏号に掲載された連載「日本のすごい味」に加筆・改稿しています。本文中、とくに言及なき場合、登場される方々の年齢、ご発言は下記に示す取材・掲載時のものです。店舗・商品については現在の情報に改訂しています。

滋賀県大津市「比良山荘」熊鍋　2014年4月　撮影／日置武晴

静岡県下田市「まるとうわさび」わさび　2016年7月　撮影／日置武晴

大阪府・難波戎橋筋「大寅蒲鉾」蒲鉾　2013年1月　撮影／広瀬貴子

京都府・丹後「竹中罐詰」オイルサーディン　2011年4月　撮影／日置武晴

静岡県沼津市「ベアード・ブルーイング」クラフト・ビール　2009年1月　撮影／日置武晴

高知県馬路村「馬路村農業協同組合」柚子　2014年1月　撮影／広瀬貴子

和歌山県龍神村「龍神自然食品センター」梅干し　2014年10月
撮影／川上尚見（p.74、78、79下、83）、菅野健児（新潮社）（p75、79上）

奈良県県・春日大社「森奈良漬店」奈良漬　2009年4月　撮影／日置武晴

滋賀県・琵琶湖西「喜多品老舗」鮒ずし　2008年7月　撮影／日置武晴

岡山県・吉備高原「吉田牧場」チーズ　2009年10月　撮影／日置武晴

鹿児島県伊佐市「沖田黒豚牧場」かごしま黒豚　2015年4月　撮影／日置武晴

岐阜県中津川市「栗菓匠　七福」ほか　栗きんとん　2016年1月　撮影／広瀬貴子

京都府上京区「出町ふたば」名代豆餅　2010年10月　撮影／日置武晴

長崎県・五島列島・新上五島町「五島手延うどん協同組合」五島うどん　2013年7月　撮影／広瀬貴子

沖縄県北中城村「カナ」イラブー汁　2012年1月　撮影／菅野健児（新潮社）

●吉田牧場
カマンベール　1000円　ラクレット100ｇ／600円（切り売り）
サンマルセラン　600円　カチョカバッロ100ｇ／500円（800ｇ前後）ほか
Tel 0867－34－1189（11時～15時、不定休）／Fax 0867－34－1449
店舗での直接販売または電話、Faxでご注文ください。送料はヤマトクール便（実費）。

●沖田黒豚牧場（直販店）
セット販売（本文参照）のほか、とんかつ、しゃぶしゃぶ、焼き肉、スライスにカットできます。
ロース　1944円、肩ロース　1814円、バラ　1642円、モモ　1426円、ウデ　1210円
（すべて400ｇパック、税別、クール便送料別）　Tel／Fax 0995－28－2408
お中元・お歳暮期間は混み合いますので、お待ちいただくことがあります。

●栗菓匠　七福
栗きんとんほか栗を使用したお菓子がございます。
〒508－0001 岐阜県中津川市中津川3022－18
Tel 0573－66－7311（8時半～19時）／Fax 0573－66－7013
電話・Fax・オンラインにて承ります。栗きんとんの販売期間9月～12月のご注文は大変こみあい、
順次発送となります。日にち指定の場合は余裕をみてご注文ください。

●信玄堂
栗きんとんをはじめとする栗菓子がございます。
〒508－0032　岐阜県中津川市手賀野西沼271－3
Tel 0573－66－8111（8時～19時）／ FAX 0573－66－8113
ご注文は郵便・電話・Fax・インターネットにて承ります。一部の栗菓子は期間限定となりますので、
ご注文前にお問い合わせください。

●御菓子所　川上屋
栗きんとんは9月～12月27日。ほかに栗の美きんとん、さゝめさゝ栗など栗をつかったお菓子があります。
〒508－0041岐阜県中津川市本町3－1－8　Tel 0573－65－2072／Fax 0573－66－7634
ご注文は郵便・Fax・インターネットにて承ります。手作りのため一日におつくりする数に限りがあり、
順次発送となりますので、到着まで暫くの猶予をいただきますようお願いいたします。

●すや
栗きんとん、栗むし羊かんは9月から、山家、栗きんつば、栗饅頭は11月下旬から販売。
〒508－0038 岐阜県中津川市新町2－40
Tel 0573－65－2078／0573－66－2636／0120－020－780（9月～12月は8時～20時）／
FAX 0573－65－6628
ご注文は手紙・電話・Fax・インターネットにて承ります。9月・10月のご注文は大変こみあいますので、
お申込みから到着まで１～2週間お待ちいただく場合があります。

●五島手延うどん協同組合
五島うどん「波の糸」300ｇ　330円～　あごだしスープ 10ｇ×10　400円～
Tel 0120－014－502（9時～17時、土日祝休）

●ますだ製麵
半生うどん（スープ付）250ｇ475円、地獄炊うどん（スープ付）500ｇ755円
手延うどんセット（250ｇ×8・あごだしつゆ10ｇ×5・スープ10ｇ×10）3800円ほか　Tel 0959－42－0821
ご注文は電話・インターネットにて。お得なセット商品が各種ありますのでご利用ください。

●平岩うどん
船崎手製うどん 300ｇ320円　250ｇ300円
Tel／Fax 0959－52－8473（9時～20時）　ご注文は10束より。代金引換便、送料別。

【取り寄せ(地方発送)について】
本文にホームページの記載がありますので、ご参考ください。
ここではとくにオンライン通販以外の取り寄せ情報につき、掲載します。

●比良山荘
鹿ロースト　時価　Tel 077 - 599 - 2058
12月頃から。電話にてお問い合わせ、ご注文ください。

●まるとうわさび
Tel／Fax 0558 - 28 - 0777
E-mail　nouka@marutou-wasabi.com
業務用を中心に扱いますが、少量の注文にもできるだけお応えします。
電話、Fax、メールにてお問い合わせください。日中は電話を受けられないこともあります。
初めてのご注文は代金引換便にて発送させていただきます。

●大寅蒲鉾
Tel 06 - 6641 - 3451(9時〜17時、日休、正月三ガ日休)／Fax 06 - 6633 - 1008(年中無休)
商品が多種ございますので、電話、Faxでお問い合わせください。
お正月用の限定蒲鉾のご予約は11月1日より開始いたします。

●竹中罐詰
オイルサーディン、かき、帆立貝柱、子持ちししゃも、ホタルイカなど
Tel 0772 - 25 - 0500(8時半〜17時、日休、年末年始・お盆休)／Fax 0772 - 25 - 0837
10個より。代金引換便でのお届けとなります。

●ベアード・ブルーイング
定番ビール6本セット　2700円〜3000円(税込、送料別)
定番ビール12本飲み比べセット　5400円(税込、送料別)など
Tel 0558 - 99 - 9910(問い合わせ　日休)／Fax 0558 - 99 - 9915

●馬路村農業協同組合
Tel 0120 - 559 - 659(8時半〜18時、日祝休)／Fax 0120 - 059 - 359
商品が多種ございますので、電話、Faxでお問い合わせください。
柚子商品の新物は11月上旬から発送いたします。

●龍神自然食品センター
梅干し　丸樽1kg　3780円(税込)ほか
Tel 0739 - 78 - 2060(8時〜17時、日祝休)／Fax 0739 - 78 - 0952
商品各種あり、詰め合わせギフトもあります。お問い合わせください。

●森奈良漬店
瓜　1本(袋詰め)1080円　詰合わせ進物用　355g　1730円
Aセット(木箱)515g　3300円　Bセット(木箱)760g　4400円
Tel 0742 - 26 - 2063(9時〜17時)／Fax 0742 - 27 - 3148
税込、送料別。季節商品なども各種ございますので、お問い合わせください。

●四〇〇年鮒寿し 総本家 喜多品老舗
飯漬　小サイズ　5400円〜　大溝甘露漬　小サイズ　6480円〜　鮒寿し発酵和ごはん　540円
Tel／Fax　0740 - 20 - 2042(10時〜17時、月・木休)
ゆうパックチルド便、5400円以上は送料無料(要ご相談)

日本《にほん》のすごい味《あじ》
土地《とち》の記憶《きおく》を食《た》べる

著者　平松洋子《ひらまつようこ》

発行　2017年9月30日

発行者　佐藤隆信

発行所　株式会社新潮社
〒162-8711 東京都新宿区矢来町71
電話　編集部 03-3266-5611
　　　読者係 03-3266-5111
http://www.shinchosha.co.jp

印刷　大日本印刷株式会社

製本　大口製本印刷株式会社

乱丁・落丁本は、ご面倒ですが小社読者係宛お送りください。
送料小社負担にてお取替えいたします。
価格はカバーに表示してあります。

ISBN978-4-10-306474-9 C0077